公益財団法人 日本数学検定協会 監修

受かる！
数学検定

The Mathematics Certification Institute of Japan
>> 4th Grade

改訂版

4

Gakken

はじめに

　実用数学技能検定の3〜5級は中学校で扱う数学の内容がもとになって出題されていますが,この範囲の内容は算数から数学へつなげるうえでも,社会との接点を考えるうえでもたいへん重要です。

　令和3年4月1日から全面実施された中学校学習指導要領では,数学的活動の3つの内容として,"日常の事象や社会の事象から問題を見いだし解決する活動""数学の事象から問題を見いだし解決する活動""数学的な表現を用いて説明し伝え合う活動"を挙げています。これらの活動を通して,数学を主体的に生活や学習に生かそうとしたり,問題解決の過程を評価・改善しようとしたりすることなどが求められているのです。

　実用数学技能検定は実用的な数学の技能を測る検定です。実用的な数学技能とは計算・作図・表現・測定・整理・統計・証明の7つの技能を意味しており,検定問題を通して提要された具体的な活用の場面が指導要領に示されている数学的活動とも結びつく内容になっています。また,3〜5級に対応する技能の概要でも社会生活と数学技能の関係性について言及しています。

　このように,実用数学技能検定では社会のなかで使われている数学の重要性を認識しながら問題を出題しており,なかでも3〜5級はその基礎的数学技能を評価するうえで重要な階級であると言えます。

　さて,実際に社会のなかで,3〜5級の内容がどんな場面で使われるのでしょうか。一次関数や二次方程式など単元別にみても,さまざまな分野で活用されているのですが,数学を学ぶことで,社会生活における基本的な考え方を身につけることができます。当協会ではビジネスにおける数学の力を把握力,分析力,選択力,予測力,表現力と定義しており,物事をちゃんと捉えて,何が起きているかを考え,それをもとにどうすればよりよい結果を得られるのか。そして,最後にそれらの考えを相手にわかりやすいように伝えるにはどうすればよいのかということにつながっていきます。

　こうしたことも考えながら問題にチャレンジしてみてもいいかもしれませんね。

公益財団法人 日本数学検定協会

数学検定4級を受検するみなさんへ

数学検定とは

実用数学技能検定(後援＝文部科学省。対象:1〜11級)は,数学の実用的な技能(計算・作図・表現・測定・整理・統計・証明)を測る「記述式」の検定で,公益財団法人日本数学検定協会が実施している全国レベルの実力・絶対評価システムです。

検定の概要

1級, 準1級, 2級, 準2級, 3級, 4級, 5級, 6級, 7級, 8級, 9級, 10級, 11級, かず・かたち検定のゴールドスター, シルバースターの合計15階級があります。
1〜5級には,計算技能を測る「1次:計算技能検定」と数理応用技能を測る「2次:数理技能検定」があります。1次も2次も同じ日に行います。初めて受検するときは,1次・2次両方を受検します。
6級以下には,1次・2次の区分はありません。

受検資格

原則として受検資格を問いません。

受検方法

「個人受験」「提携会場受験」「団体受験」の3つの受験方法があります。
受験方法によって,検定日や検定料,受験できる階級や申し込み方法などが異なります。

くわしくは公式サイトでご確認ください。
https://www.su-gaku.net/suken/

○ 階級の構成

階級	検定時間	出題数	合格基準	目安となる程度
1級	1次：60分 2次：120分	1次：7問 2次：2題必須・ 5題より2題選択	1次： 全問題の 70%程度 2次： 全問題の 60%程度	大学程度・一般
準1級				高校3年生程度 （数学Ⅲ・数学C程度）
2級	1次：50分 2次：90分	1次：15問 2次：2題必須・ 5題より3題選択		高校2年生程度 （数学Ⅱ・数学B程度）
準2級		1次：15問 2次：10問		高校1年生程度 （数学Ⅰ・数学A程度）
3級	1次：50分 2次：60分	1次：30問 2次：20問		中学3年生程度
4級				中学2年生程度
5級				中学1年生程度
6級	50分	30問	全問題の 70%程度	小学6年生程度
7級				小学5年生程度
8級				小学4年生程度
9級	40分	20問		小学3年生程度
10級				小学2年生程度
11級				小学1年生程度
かず・かたち検定 ゴールドスター シルバースター	40分	15問	10問	幼児

○ 合否の通知

検定試験実施から，約40日後を目安に郵送にて通知。
検定日の約3週間後に「数学検定」公式サイト (https://www.su-gaku.net/suken/) から
の合格確認もできます。

○ 合格者の顕彰

【1〜5級】

1次検定のみに合格すると計算技能検定合格証，
2次検定のみに合格すると数理技能検定合格証，
1次2次ともに合格すると実用数学技能検定合格証が発行されます。

【6〜11級およびかず・かたち検定】

合格すると実用数学技能検定合格証，
不合格の場合は未来期待証が発行されます。

● 実用数学技能検定合格，計算技能検定合格，数理技能検定合格をそれぞれ認め，永続し
てこれを保証します。

○ 実用数学技能検定取得のメリット

◎ 高等学校卒業程度認定試験の必須科目「数学」が試験免除

実用数学技能検定2級以上取得で，文部科学省が行う高等学校卒業程度認定試験
の「数学」が免除になります。

◎ 実用数学技能検定取得者入試優遇制度

大学・短期大学・高等学校・中学校などの一般・推薦入試における各優遇措置が
あります。学校によって優遇の内容が異なりますのでご注意ください。

◎ 単位認定制度

大学・高等学校・高等専門学校などで，実用数学技能検定の取得者に単位を認定
している学校があります。

4級の検定内容は，下のような構造になっています。

F （中学2年）

検定の内容

文字式を用いた簡単な式の四則混合計算，文字式の利用と等式の変形，連立方程式，平行線の性質，三角形の合同条件，四角形の性質，一次関数，確率の基礎，簡単な統計など

技能の概要

▶ **社会で主体的かつ合理的に行動するために役立つ基礎的数学技能**

1. 2つのものの関係を文字式で合理的に表示することができる。
2. 簡単な情報を統計的な方法で表示することができる。

G （中学1年）

検定の内容

正の数・負の数を含む四則混合計算，文字を用いた式，一次式の加法・減法，一元一次方程式，基本的な作図，平行移動，対称移動，回転移動，空間における直線や平面の位置関係，扇形の弧の長さと面積，空間図形の構成，空間図形の投影・展開，柱体・錐体及び球の表面積と体積，直角座標，負の数を含む比例・反比例，度数分布とヒストグラム　など

技能の概要

▶ **社会で賢く生活するために役立つ基礎的数学技能**

1. 負の数がわかり，社会現象の実質的正負の変化をグラフに表すことができる。
2. 基本的図形を正確に描くことができる。
3. 2つのものの関係変化を直線で表示することができる。

H （小学6年）

検定の内容

分数を含む四則混合計算，円の面積，円柱・角柱の体積，縮図・拡大図，対称性などの理解，基本的単位の理解，比の理解，比例や反比例の理解，資料の整理，簡単な文字と式，簡単な測定や計量の理解　など

技能の概要

▶ **身近な生活に役立つ算数技能**

1. 容器に入っている液体などの計量ができる。
2. 地図上で実際の大きさや広さを算出することができる。
3. 2つのものの関係を比やグラフで表示することができる。
4. 簡単な資料の整理をしたり表にまとめたりすることができる。

※アルファベットの下の表記は目安となる学年です。

〉 受検時の注意

1) 当日の持ち物

持ち物＼階級	1〜5級		6〜8級	9〜11級	かず・かたち検定
	1次	2次			
受検証 (写真貼付) ※1	必須	必須	必須	必須	
鉛筆またはシャープペンシル (黒のHB・B・2B)	必須	必須	必須	必須	必須
消しゴム	必須	必須	必須	必須	必須
ものさし (定規)		必須	必須	必須	
コンパス		必須	必須		
分度器			必須		
電卓 (算盤) ※2		使用可			

※1　個人受検と提供会場受検のみ

※2　使用できる電卓の種類　○一般的な電卓　○関数電卓　○グラフ電卓
　　　通信機能や印刷機能をもつもの，携帯電話・スマートフォン・電子辞書・パソコンなどの電卓機能は
　　　使用できません。

2) 答案を書く上での注意

計算技能検定問題・数理技能検定問題とも書き込み式です。

答案は採点者にわかりやすいようにていねいに書いてください。特に，0と6，4と9，PとDとOなど，まぎらわしい数字・文字は，はっきりと区別できるように書いてください。正しく採点できない場合があります。

〉 受検申込方法

受検の申し込みには団体受検と個人受検があります。くわしくは，公式サイト (**https://www.su-gaku.net/suken/**) をご覧ください。

○個人受検の方法

個人受検できる検定日は，年3回です。検定日については公式サイト等でご確認ください。※9級，10級，11級は個人受検を実施いたしません。

● お申し込み後，検定日の約1週間前を目安に受検証を送付します。**受検証に検定会場や時間が明記されています。**

● 検定会場は全国の県庁所在地を目安に設置される予定です。(検定日によって設定される地域が異なりますのでご注意ください。)

● 一旦納入された検定料は，理由のいかんによらず返還，繰り越し等いたしません。

◎個人受検は次のいずれかの方法でお申し込みできます。

1) インターネットで申し込む

受付期間中に公式サイト (https://www.su-gaku.net/suken/) からお申し込みができます。詳細は，公式サイトをご覧ください。

2) LINEで申し込む

数検LINE公式アカウントからお申し込みができます。お申し込みには「友だち追加」が必要です。詳細は，公式サイトをご覧ください。

3) コンビニエンスストア設置の情報端末で申し込む

下記のコンビニエンスストアに設置されている情報端末からお申し込みができます。

- ◎ セブンイレブン「マルチコピー機」
- ◎ ローソン「Loppi」
- ◎ ファミリーマート「マルチコピー機」
- ◎ ミニストップ「MINISTOP Loppi」

4) 郵送で申し込む

①公式サイトからダウンロードした個人受検申込書に必要事項を記入します。

②検定料を郵便口座に振り込みます。

※郵便局へ払い込んだ際の領収書を受け取ってください。
※検定料の払い込みだけでは，申し込みとなりません。

> 郵便局振替口座：00130-5-50929
> 公益財団法人 日本数学検定協会

③下記宛先に必要なものを郵送します。

⑴受検申込書　⑵領収書・振込明細書（またはそのコピー）

> ［宛先］ 〒110-0005 東京都台東区上野5-1-1　文昌堂ビル4階
> 　　　　 公益財団法人　日本数学検定協会　宛

デジタル特典 スマホで読める要点まとめ

URL：https://gbc-library.gakken.jp/
ID：ty8na
パスワード：du47shc3

※「コンテンツ追加」から「ID」と「パスワード」をご入力ください。
※コンテンツの閲覧にはGakkenIDへの登録が必要です。IDとパスワードの無断転載・複製を禁じます。サイトアクセス・ダウンロード時の通信料はお客様のご負担になります。サービスは予告なく終了する場合があります。

もくじ

受かる！ 数学検定4級

page	
02	はじめに
03	数学検定4級を受検するみなさんへ
09	もくじ
10	本書の特長と使い方

第1章 計算技能検定［❶次］【対策編】

page	
12	❶ 数の計算①
16	❷ 数の計算②
20	❸ 式の計算
24	❹ 方程式, 等式の変形
28	❺ 連立方程式
32	❻ 関　数
36	❼ 図　形
40	❽ データの活用, 確率

第2章 数理技能検定［❷次］【対策編】

page	
46	❶ 数量に関する問題
52	❷ 方程式の問題
58	❸ 関数の問題
64	❹ 平面図形の問題
70	❺ 空間図形の問題
76	❻ データの活用, 確率の問題
82	❼ 思考力を必要とする問題

巻末 数学検定4級・模擬検定問題（切り取り式）

〈別冊〉解答と解説
※巻末に, 本冊と軽くのりづけされていますので, はずしてお使いください。

本書の特長と使い方

本書は,数学検定合格のための攻略問題集で,
「計算技能検定[❶次]対策編」と「数理技能検定[❷次]対策編」の2部構成になっています。

1 解法を確認しよう!

第1章 計算技能検定[❶次]対策編

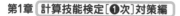
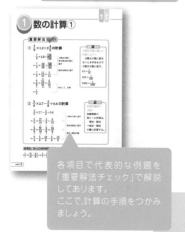

各項目で代表的な例題を
「重要解法チェック」で解説
してあります。
ここで,計算の手順をつかみ
ましょう。

第2章 数理技能検定[❷次]対策編

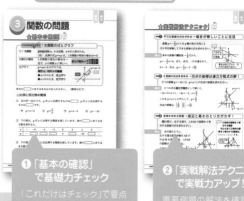
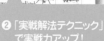

❶ 「基本の確認」
　で基礎力チェック

「これだけはチェック」で要点
をチェックしたら,穴埋め問題
で基礎事項を確かめましょう。

❷ 「実戦解法テクニック」
　で実戦力アップ!

重要例題の解法を確認して,
解き方を身につけましょう。

2 3ステップの問題で理解を定着!

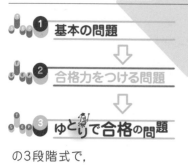

❶ 基本の問題
⬇
❷ 合格力をつける問題
⬇
❸ ゆとりで合格の問題

の3段階式で,
無理なく着実に力がつきます。

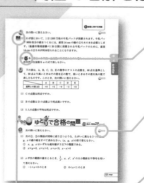

間違えやすい問題
には「ミス注意」の
マークつき。

3分 大問ごとに制
限時間が設け
られているので,本番での
時間配分がつかめる。

実力を試すような
問題には「チャレン
ジ!」のマークつき。

3 巻末 模擬検定問題 で総仕上げ!

本書の巻末には,模擬検定問題がついています。
実際の検定内容にそった問題ばかりですから,
制限時間を守り,本番のつもりで挑戦しましょう。

〈別冊〉解答と解説

問題の解答と解説は,答え合わせのしやすい別冊です。
できなかった問題は,解説をよく読んで,
正しい解き方を確認しましょう。

第 **1** 章

計算技能検定［**1**次］【対策編】

① 次 ② 次

電卓は使用できません

数の計算①

重要解法 チェック!

① $\dfrac{7}{9} \times 1.2 \div 2\dfrac{4}{5}$ の計算

$$\dfrac{7}{9} \times 1.2 \div 2\dfrac{4}{5}$$

小数は分数に,
帯分数は仮分数に
直す

$$= \dfrac{7}{9} \times \dfrac{12}{10} \div \dfrac{14}{5}$$

除法を乗法に直す

$$= \dfrac{7}{9} \times \dfrac{12}{10} \times \dfrac{5}{14}$$

$$= \dfrac{\overset{1}{\cancel{7}}}{\underset{3}{\cancel{9}}} \times \dfrac{\overset{\overset{4}{\cancel{12}}}{\cancel{12}}}{\underset{1}{\cancel{10}}} \times \dfrac{\overset{1}{\cancel{5}}}{\underset{1}{\cancel{14}}}$$

約分して,計算

$$= \dfrac{1}{3}$$

> **合格テク**
>
> 小数は分数に直して
> 計算しよう!
>
> 　分数は小数に直せ
> ないときがあるので
> 小数を分数に直す。
>
> $0.1 = \dfrac{1}{10}$
>
> $0.01 = \dfrac{1}{100}$
>
> $0.001 = \dfrac{1}{1000}$

② $\dfrac{5}{6} \times 2.7 - \dfrac{3}{8} \div 0.6$ の計算

$$\dfrac{5}{6} \times 2.7 - \dfrac{3}{8} \div 0.6$$

小数は分数に直す

$$= \dfrac{5}{6} \times \dfrac{27}{10} - \dfrac{3}{8} \div \dfrac{6}{10}$$

除法を乗法に直す

$$= \dfrac{\overset{1}{\cancel{5}}}{\underset{2}{\cancel{6}}} \times \dfrac{\overset{9}{\cancel{27}}}{\underset{2}{\cancel{10}}} - \dfrac{\overset{1}{\cancel{3}}}{\underset{4}{\cancel{8}}} \times \dfrac{\overset{5}{\cancel{10}}}{\underset{2}{\cancel{6}}}$$

乗法→減法の順
に計算

$$= \dfrac{9}{4} - \dfrac{5}{8} = \dfrac{18}{8} - \dfrac{5}{8} = \dfrac{13}{8}$$

> **合格テク**
>
> 計算の順序に
> 注意!
>
> 加減乗除の
> 混じった計算は,
> 　乗法・除法
> →加法・減法
> の順に計算する。

まずは,かっこの中を計算!

$$1\dfrac{5}{7} \times \left(\dfrac{5}{6} - \dfrac{4}{9} \right) = 1\dfrac{5}{7} \times \left(\dfrac{15}{18} - \dfrac{8}{18} \right) = \dfrac{\overset{2}{\cancel{12}}}{\underset{1}{\cancel{7}}} \times \dfrac{\overset{1}{\cancel{7}}}{\underset{3}{\cancel{18}}} = \dfrac{2}{3}$$

POINT ココが ポイント 小数は分数に，帯分数は仮分数に直して計算しよう！

学習日

月 日

基本の問題

 答え：別冊01ページ

 次の計算をしなさい。 🕐 3分

(1) 1.2×3

(2) 3.7×0.8

(3) $3.6 \div 0.4$

(4) $54 \div 0.9$

 次の計算をしなさい。 🕐 6分

(1) $\dfrac{2}{5} + \dfrac{1}{3}$

(2) $1\dfrac{1}{3} + \dfrac{1}{4}$

(3) $\dfrac{4}{5} - \dfrac{3}{10}$

(4) $2\dfrac{5}{8} - \dfrac{5}{6}$

(5) $\dfrac{2}{3} - \dfrac{1}{2} + \dfrac{3}{4}$

(6) $2\dfrac{1}{4} - \dfrac{7}{8} - 1\dfrac{1}{6}$

 次の計算をしなさい。 6分

(1) $\dfrac{3}{4} \times \dfrac{8}{9}$

(2) $\dfrac{5}{6} \times \dfrac{4}{15}$

(3) $\dfrac{7}{20} \times \dfrac{8}{21}$

(4) $\dfrac{4}{9} \div \dfrac{2}{3}$

(5) $\dfrac{9}{16} \div \dfrac{3}{8}$

(6) $\dfrac{5}{18} \div \dfrac{10}{27}$

 合格力をつける問題 答え:別冊**01**ページ

 次の計算をしなさい。 🕐10分

(1) $\dfrac{14}{27} \times \dfrac{15}{49}$

(2) $1\dfrac{5}{9} \times \dfrac{6}{7}$

(3) $2\dfrac{4}{5} \times 1\dfrac{3}{7}$

(4) $2.5 \times \dfrac{4}{15}$

(5) $\dfrac{55}{56} \div \dfrac{33}{40}$

(6) $\dfrac{20}{21} \div 2\dfrac{1}{7}$

(7) $3\dfrac{3}{8} \div 4\dfrac{1}{2}$

(8) $3.6 \div \dfrac{9}{25}$

 次の計算をしなさい。 🕐10分

(1) $\dfrac{4}{7} \times \dfrac{3}{8} \times \dfrac{7}{9}$

(2) $\dfrac{5}{9} \times \dfrac{3}{4} \div \dfrac{5}{8}$

(3) $\dfrac{7}{8} \div 14 \times \dfrac{4}{5}$

(4) $2\dfrac{1}{3} \times \dfrac{4}{7} \div \dfrac{2}{3}$

(5) $1\dfrac{4}{5} \div 1\dfrac{1}{2} \div \dfrac{4}{5}$

(6) $1\dfrac{7}{9} \div 5\dfrac{5}{6} \times 2\dfrac{5}{8}$

(7) $\dfrac{6}{5} \times \dfrac{3}{8} \div 2.4$

(8) $\dfrac{14}{15} \div 4.8 \div \dfrac{7}{8}$

(9) $3.5 \times \dfrac{6}{7} \div 0.6$

(10) $\dfrac{5}{6} \div 0.75 \times 1.8$

3 次の計算をしなさい。 ⏱10分

(1) $\dfrac{5}{12} \times \left(\dfrac{2}{3} - \dfrac{2}{5} \right)$

(2) $1\dfrac{2}{7} \times \left(\dfrac{5}{6} - \dfrac{4}{9} \right)$

(3) $\dfrac{3}{8} \div \left(\dfrac{3}{4} - \dfrac{2}{3} \right)$

(4) $2\dfrac{4}{7} \div \left(\dfrac{3}{4} - \dfrac{3}{7} \right)$

(5) $2\dfrac{1}{3} - 1.6 \times \dfrac{5}{12}$

(6) $1\dfrac{3}{10} - 4\dfrac{1}{5} \div 3.5$

(7) $\dfrac{1}{4} + \dfrac{5}{6} \times 1\dfrac{4}{5} - 1\dfrac{3}{8}$

(8) $1\dfrac{7}{8} \div \dfrac{5}{6} - \dfrac{7}{9} \times 1\dfrac{5}{7}$

(9) $2.4 \times \dfrac{1}{6} + 1.8 \div 2\dfrac{1}{4}$

(10) $5\dfrac{1}{3} \times 0.75 - 3.6 \div 1\dfrac{4}{5}$

 STEP **3** ゆとりで合格の問題  答え:別冊03ページ

1 次の計算をしなさい。 ⏱5分

(1) $1\dfrac{3}{7} \times \left(3\dfrac{1}{2} - \dfrac{7}{8} \right) \div 2\dfrac{1}{2}$

(2) $2.1 \times \left(1\dfrac{2}{7} - 1.25 \right) \div 1.2$

(3) $\left(2.4 - 1\dfrac{3}{5} \right) \times 3.75 - 2\dfrac{4}{7} \times \dfrac{7}{9}$

数の計算②

重要解法 チェック！

① $\dfrac{2}{5} : \dfrac{2}{3}$ の比の値を求める計算

$A : B$ の比の値 $\Rightarrow \dfrac{A}{B}$

> **合格 🔒 テク**
> 比の値は，：を÷とおきかえて計算すればよい。

わり算をかけ算に直す

$\dfrac{2}{5} \div \dfrac{2}{3} = \dfrac{2}{5} \times \dfrac{3}{2} = \dfrac{3}{5}$

別の計算法 まず，整数の比に直してもよい。

$\dfrac{2}{5} : \dfrac{2}{3} = \left(\dfrac{2}{\overset{1}{\cancel{5}}} \times \overset{3}{\cancel{15}} \right) : \left(\dfrac{2}{\overset{1}{\cancel{3}}} \times \overset{5}{\cancel{15}} \right) = 6 : 10 \Rightarrow \dfrac{6}{10} = \dfrac{3}{5}$

② $4 - (-5) \times (-2)^3$ の計算

$$4 - (-5) \times (-2)^3$$
$$= 4 - (-5) \times (-8)$$ ①累乗
$$= 4 - 40$$ ②乗法
$$= -36$$ ③減法

> **合格 🔒 テク**
> 四則の混じった計算の順序！
> ①かっこの中・累乗
> ↓
> ②乗法・除法
> ↓
> ③加法・減法

3つ以上の数の乗法では，まず答えの符号を決めよ！

$$21 \times (-0.9) \times \left(-\dfrac{4}{7} \right) \times \left(-1\dfrac{2}{3} \right)$$

小数は分数に，帯分数は仮分数に直す

$$= 21 \times \left(-\dfrac{9}{10} \right) \times \left(-\dfrac{4}{7} \right) \times \left(-\dfrac{5}{3} \right)$$

答えの符号を決める

$$= -\left(21 \times \dfrac{9}{10} \times \dfrac{4}{7} \times \dfrac{5}{3} \right)$$

1つにまとめて約分

$$= -\dfrac{\overset{3}{\cancel{21}} \times \overset{3}{\cancel{9}} \times \overset{2}{\cancel{4}} \times \overset{1}{\cancel{5}}}{\underset{21}{\cancel{10}} \times \underset{1}{\cancel{7}} \times \underset{1}{\cancel{3}}}$$

$$= -18$$

> **積の符号**
> 負の数が**偶数個**
> ➡ ＋
> 負の数が**奇数個**
> ➡ －

計算の順序と符号の変化に注意して，
計算ミスを防ごう！

STEP **1** # 基本の問題

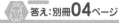 答え：別冊**04**ページ

 次の比の値を求めなさい。　　　🕐 3分

(1) $3:9$

(2) $20:8$

(3) $0.6:0.8$

(4) $\dfrac{3}{4}:\dfrac{1}{6}$

 次の比をもっともかんたんな整数の比にしなさい。　

(1) $10:15$

(2) $2.5:3.5$

(3) $\dfrac{1}{4}:\dfrac{1}{3}$

(4) $\dfrac{2}{3}:\dfrac{5}{9}$

 次の計算をしなさい。　

(1) $(-3)+(-6)$

(2) $(-9)+(+2)$

(3) $(-5)-(+3)$

(4) $(-4)-(-7)$

 次の計算をしなさい。　

(1) $(-6)\times(-9)$

(2) $(+8)\times(-4)$

(3) $\left(-\dfrac{2}{3}\right)\times\left(-\dfrac{6}{7}\right)$

(4) $(-35)\div(-5)$

(5) $(-24)\div(+3)$

(6) $\left(-\dfrac{5}{12}\right)\div\left(+\dfrac{3}{4}\right)$

 答え：別冊**05**ページ

1 次の比の値を求めなさい。 ⏰5分

(1) $3 : \dfrac{3}{4}$

(2) $\dfrac{4}{5} : 0.3$

(3) $2\dfrac{2}{3} : 1\dfrac{3}{5}$

(4) $4.5 : 3\dfrac{3}{8}$

2 次の ☐ にあてはまる数を求めなさい。 ⏰5分

(1) $4 : 9 = \boxed{} : 27$

(2) $\boxed{} : 0.3 = 2 : 3$

(3) $2 : 5 = \dfrac{2}{5} : \boxed{}$

(4) $4 : \boxed{} = \dfrac{2}{3} : \dfrac{1}{2}$

3 次の計算をしなさい。 ⏰10分

(1) $8 - (-3) - 4$

(2) $5 + (-5) - 7$

(3) $3 + (-5) + (-4) + 7$

(4) $(-5) \times 6 - (-4) \times 7$

(5) $7 - (-8) \div 4$

(6) $56 \div (-8) + (-2) \times (-9)$

(7) $6 + 9 \div (-3^2)$

(8) $(-3)^2 - 4 \div (-2)^2$

4 次の計算をしなさい。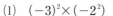

(1) $(-3)^2 \times (-2^2)$

(2) $(-3)^2 \times 5 + \{8 - (-4)\} \div 2$

(3) $\dfrac{1}{3} \div \left(-\dfrac{7}{12}\right) \times 1.4$

(4) $1\dfrac{2}{3} \times \left(\dfrac{3}{4} - \dfrac{5}{6}\right) \div 2$

(5) $-\dfrac{5}{6} \times 3 - 35 \div \left(-\dfrac{14}{3}\right)$

(6) $8 \div \dfrac{2}{3} - (-4)^2 \times 2$

(7) $\dfrac{3}{4} + \left(-\dfrac{2}{3}\right)^2 \div \left(-\dfrac{7}{9}\right)$

(8) $(-2)^3 \div (-6) \times (-4^2)$

(9) $(-9)^2 \div (-6^2) \times \left(-\dfrac{1}{3}\right)^2$

(10) $\left(-\dfrac{5}{6} + \dfrac{1}{4}\right) \times (-12)$

 STEP **3** ゆとりで合格の問題 答え：別冊**06**ページ

 1 次の計算をしなさい。

(1) $\left(-\dfrac{4}{5}\right) \div \dfrac{2}{3} \div \left(-\dfrac{5}{9}\right) \times \left(-\dfrac{5}{6}\right)$

(2) $3 + \left\{\dfrac{1}{4} - 3 \times \left(\dfrac{5}{3} - \dfrac{3}{4}\right)\right\}$

(3) $-2^2 - \left\{\left(-\dfrac{3}{2}\right)^2 + \dfrac{5}{4}\right\} \div (-0.5)^2$

(4) $(-3)^3 \div (-2)^2 - 3 \div (-2^2)$

累乗の計算では
符号に注意しよ
うね！

3 式の計算

重要解法 チェック!

① $2(3x-2y)-3(x-5y)$ の計算

$$2(3x-2y)-3(x-5y)$$
$$=6x-4y-3x+15y$$
$$=6x-3x-4y+15y$$
$$=3x+11y$$

分配法則
$a(b+c)$
$=ab+ac$

同類項を
まとめる

合格 テク

かっこの前が負の数のときは要注意!

$$-3(x-5y)$$
$$=(-3)\times x+(-3)$$
$$\times(-5y)$$
$$=-3x+15y$$

(-3)の形で各項にかけると符号ミスが防げる。

② $\dfrac{3}{5}a^3b^2\div\left(-\dfrac{6}{5}ab\right)$ の計算

$$\dfrac{3}{5}a^3b^2\div\left(-\dfrac{6}{5}ab\right)$$
$$=\dfrac{3}{5}a^3b^2\times\left(-\dfrac{5}{6ab}\right)$$
$$=-\dfrac{\overset{1}{\cancel{3}}a^{\overset{2}{\cancel{3}}}b^{\overset{1}{\cancel{2}}}\times\overset{1}{\cancel{5}}}{\underset{1}{\cancel{5}}\times\underset{2}{\cancel{6}}\cancel{ab}}$$
$$=-\dfrac{a^2b}{2}$$

逆数をかけるかけ算に

約分

合格 テク

分子・分母をはっきりさせてから逆数を考えよ!

$$-\dfrac{6}{5}ab=-\dfrac{6ab}{5}$$

分母と分子を入れかえて,

$$-\dfrac{6ab}{5}\ \underset{\leftarrow}{\overset{逆数}{\rightarrow}}\ -\dfrac{5}{6ab}$$ 符号は変わらない

分数の加減では通分に注意

$$\dfrac{4a-3b}{2}-\dfrac{a-2b}{3}$$
$$=\dfrac{3(4a-3b)}{6}-\dfrac{2(a-2b)}{6}$$
$$=\dfrac{3(4a-3b)-2(a-2b)}{6}$$
$$=\dfrac{12a-9b-2a+4b}{6}$$
$$=\dfrac{10a-5b}{6}$$

通分

同類項を
まとめる

分母を払ってはダメ!

通分するときは,分子の式にかっこをつける!

計算のきまり

分配法則
$$a(b+c)=ab+ac$$

STEP 1 **基本の問題**

 答え：別冊**06**ページ

 次の計算をしなさい。　⏱6分

(1) $2x+3-3x$

(2) $-3a+4-2a-3$

(3) $3a+2(a-3)$

(4) $4(2a-1)+2(a+5)$

(5) $2(2x-5)-6(x-3)$

(6) $x-2(3x-1)$

 次の計算をしなさい。　⏱10分

(1) $3x+x^2-4x-5x^2$

(2) $2ab-3ab^2+ab^2-ab$

(3) $(x+y)+(5x-3y)$

(4) $(2a+b)-(3a-5b)$

(5) $-6(2a-3b)$

(6) $(12x^2-9x-6)÷(-3)$

(7) $2(4x+2y)+5(x-y)$

(8) $x+3y-2(2x-y)$

(9) $5(2a-b)-4(3a+2b)$

(10) $-3(a^2-a)-(2a-3a^2)$

 次の計算をしなさい。　⏱10分

(1) $(-3a)×2ab$

(2) $(-2x)^3$

(3) $3xy×(2x^2)^2$

(4) $ab^2×(-ab)^3$

(5) $12ab÷4b$

(6) $-2ab÷8b$

(7) $9b^2÷ab$

(8) $(-2x^2)÷x^2$

(9) $x^3÷\dfrac{1}{2}x$

(10) $3a^2b^2÷\dfrac{1}{3}ab^2$

合格力をつける問題　答え：別冊**08**ページ

 次の計算をしなさい。　⏱20分

(1) $\dfrac{1}{3}x+4+x-\dfrac{1}{2}$

(2) $\left(\dfrac{a}{4}-3\right)-\left(\dfrac{a}{2}-5\right)$

(3) $\dfrac{2}{3}(6a-3)$

(4) $-24\left(\dfrac{3}{8}x-\dfrac{5}{6}\right)$

(5) $\dfrac{2x+3}{3}\times 6$

(6) $\dfrac{a-7}{5}\times(-15)$

(7) $18\left(\dfrac{2x-1}{9}\right)$

(8) $-12\times\dfrac{3a-8}{4}$

(9) $\dfrac{x-1}{2}+\dfrac{1-5x}{4}$

(10) $\dfrac{4y-2}{3}-y+3$

(11) $x+1-\dfrac{x-5}{3}$

(12) $\dfrac{3a-1}{3}-\dfrac{2-3a}{6}$

(13) $8\left(2-\dfrac{3x+1}{4}\right)$

(14) $\dfrac{2a-5}{6}-\dfrac{a-3}{4}$

 次の計算をしなさい。　⏱10分

(1) $\dfrac{2}{3}xy-\dfrac{1}{4}xy+x$

(2) $\left(\dfrac{1}{4}x+y\right)-\left(2x-\dfrac{2}{3}y\right)$

(3) $0.6a+b-(-1.2a-b)$

(4) $5a-\{2b+(a-6b)\}$

(5) $x^2+\{2x-(4x^2+7x)\}$

(6) $(24a^2-12ab+6b^2)\div\dfrac{6}{7}$

 次の2式をたしなさい。また，左の式から右の式をひきなさい。　6分

(1) $10a^2-6a-3,\ 8a-3-5a^2$

(2) $\dfrac{2x-3y}{3},\ \dfrac{2x-y}{4}$

4 次の計算をしなさい。 ⏱15分

(1) $\dfrac{4x-2y}{3}-x+2y$

(2) $\dfrac{x-y}{4}+\dfrac{x+y}{8}$

(3) $\dfrac{a-2b}{2}-\dfrac{2a+b}{3}$

(4) $\dfrac{5}{6}x+\dfrac{2x-3y}{4}$

(5) $\dfrac{2}{3}(2a+b)-\dfrac{5a+4b}{6}$

(6) $\dfrac{2}{5}(-x+3x^2)-\dfrac{7}{10}(x+x^2)$

5 次の計算をしなさい。 ⏱15分

(1) $\dfrac{1}{4}x\times\left(-\dfrac{2}{3}xy^3\right)$

(2) $-4a^2b\times\left(-\dfrac{1}{2}ab\right)^2$

(3) $\dfrac{2}{3}xy^2\div\dfrac{4}{9}x^2y$

(4) $\dfrac{1}{6}ab^2\div\left(-\dfrac{2}{3}ab\right)$

(5) $4x\times3xy\div6xy^2$

(6) $a^3\div4ab\times(-6b^2)$

(7) $2x^2y\div xy^2\times(-3xy)$

(8) $y^4\div(y^3\div y)$

(9) $\dfrac{5}{8}ab^2\div\left(-\dfrac{5}{6}a\right)\div\dfrac{3}{4}b$

(10) $a^2\times(-a)^3\div(-3a)$

 STEP 3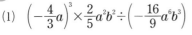

1 次の計算をしなさい。 ⏱15分

(1) $\left(-\dfrac{4}{3}a\right)^3\times\dfrac{2}{5}a^2b^2\div\left(-\dfrac{16}{9}a^6b^3\right)$

(2) $\dfrac{3x-6y+2z}{6}-\dfrac{2x-3y}{3}-\dfrac{x-2y+z}{2}$

(3) $\dfrac{2a-b}{3}-\left\{\dfrac{3a+5b}{2}-(a+3b)\right\}$

(4) $-2x^3y\times(-3xy)^2\div(xy)^3+32x^2y^2\div(-4y)^2$

④ 方程式, 等式の変形

重要解法 チェック!

① $\dfrac{3}{2}x+2=\dfrac{1}{3}x+3$ を解く問題

$$\dfrac{3}{2}x+2=\dfrac{1}{3}x+3$$

$$\left(\dfrac{3}{2}x+2\right)\times 6=\left(\dfrac{1}{3}x+3\right)\times 6 \leftarrow$$

分母の最小公倍数を両辺にかける

$$9x+12=2x+18$$
$$9x-2x=18-12$$
$$7x=6$$

移項して, $ax=b$ の形に

$$x=\dfrac{6}{7}$$

x の係数で両辺をわる

> 合格 🔒 テク
>
> 分母の最小公倍数をかけると計算がカンタン！
>
> 最小公倍数をかければ, 扱う数が小さくてすみ, 計算がラク。

② $x=-2$, $y=3$ のとき, $\dfrac{1}{2}x^3y\div(xy)^2$ の値を求める問題

まず, 式を簡単にすると,

$$\dfrac{1}{2}x^3y\div(xy)^2=\dfrac{x^3y}{2x^2y^2}=\dfrac{x}{2y}$$

この式に, $x=-2$, $y=3$ を代入,

$$\dfrac{x}{2y}=\dfrac{-2}{2\times 3}=-\dfrac{1}{3}$$

> 合格 🔒 テク
>
> 式に文字の値を代入するときの注意点
>
> ①負の数を代入するときは, かっこをつけて代入する。
> ②分数の形の式に分数の値を代入するとき, 分数の形の式を÷を使った形に直す。

等式の変形では, 解く文字以外は定数と考えよ

方程式 $4(x+3)=7$　　　　　　**等式 $3(a+b)=7$** を a について解く

$4x+12=7$ ←——————かっこをはずす——→ $3a+3b=7$

$4x=7-12$ ←———**移項する**———→ $3a=7-3b$

$4x=-5$

$x=-\dfrac{5}{4}$ ←———両辺を係数でわる———→ $a=\dfrac{7-3b}{3}$

> 方程式と比較してつかもう

ココが
ポイント
式の値を求めるとき，まず，式を簡単
にしてから代入しよう。

学習日

月　日

基本の問題

答え：別冊**11**ページ

 次の方程式を解きなさい。　　　　　　　　　　　　　10分

(1)　$x+9=6$

(2)　$-3x=6$

(3)　$\dfrac{x}{3}=-2$

(4)　$4x-9=11$

(5)　$-7-5x=8$

(6)　$2x=30-4x$

(7)　$6x-24=3x$

(8)　$2x-3=x+4$

(9)　$-7x-11=x+21$

(10)　$-3x+8-x=0$

 次の比例式について，x の値を求めなさい。　　　　3分

(1)　$x:12=2:3$

(2)　$9:15=x:10$

 次の問いに答えなさい。　　　　　　　　　　　　　5分

(1)　$x=3$ のとき，次の式の値を求めなさい。

①　$4x-5$

②　$-\dfrac{36}{x}$

(2)　$x=-5$ のとき，次の式の値を求めなさい。
①　$3x+8$

②　$-x^2$

 次の等式を，〔　〕内の文字について解きなさい。　5分

(1)　$2x-y=-1$　〔y〕

(2)　$\ell=2(a+b)$　〔b〕

1 次の方程式を解きなさい。

(1) $3(x-4)=x$

(2) $6-(x+3)=2x$

(3) $4-2(4x+1)=-x$

(4) $5x-(2x-7)=2(2x-3)$

2 次の方程式を解きなさい。

(1) $\dfrac{3}{8}x=-\dfrac{9}{4}$

(2) $\dfrac{2}{3}x-8=\dfrac{x}{6}$

(3) $\dfrac{x}{2}-2=\dfrac{5}{8}x-4$

(4) $\dfrac{3}{4}x+2=\dfrac{2}{3}x-1$

(5) $\dfrac{5}{6}x-1=\dfrac{7}{8}x+1$

(6) $\dfrac{x-3}{2}=2x-6$

(7) $\dfrac{x-5}{2}=\dfrac{2x+4}{3}$

(8) $\dfrac{x-2}{6}-\dfrac{x+5}{4}=1$

3 次の方程式を解きなさい。

(1) $0.8x=9-x$

(2) $1.2x-2.7=0.7x+1.8$

(3) $0.2(x-2)-0.6=0.4$

(4) $0.3x-0.1(x-4)=1$

4 次の比例式について，x の値を求めなさい。

(1) $x:3=100:75$

(2) $125:400=x:8$

(3) $4:x=2:3.5$

(4) $\dfrac{2}{3}:\dfrac{4}{5}=5:x$

5 次の式の値を求めなさい。　　　⏱15分

(1) $x=6$ のとき，$2(x-1)-3(2x-4)$ の値

(2) $a=-4$，$b=2$ のとき，a^2+ab-b^2 の値

(3) $x=\dfrac{1}{3}$，$y=-\dfrac{1}{2}$ のとき，$3x-y-2(x-y)$ の値

(4) $x=3$，$y=-2$ のとき，$3x^2y \div x^3y \times (-2y)$ の値

(5) $x=1$，$y=-3$ のとき，$(xy^2)^2 \div (-xy^3)$ の値

6 次の等式を，〔 〕内の文字について解きなさい。　　⏱10分

(1) $x+3y=4$ 〔y〕

(2) $a-\dfrac{b}{5}=3$ 〔b〕

(3) $S=\dfrac{1}{2}ab$ 〔a〕

(4) $x=\dfrac{1}{2}(y-z)$ 〔z〕

(5) $V=\pi r^2h$ 〔h〕

(6) $d=2(a-b)+c$ 〔b〕

STEP 3 ゆとりで合格の問題　答え：別冊14ページ

1 次の問いに答えなさい。　⏱10分

(1) 方程式 $3x-\left(x-\dfrac{1-3x}{2}\right)=\dfrac{x-4}{3}$ を解きなさい。

(2) $a=-\dfrac{1}{2}$，$b=\dfrac{1}{3}$，$c=-0.1$ のとき，次の式の値を求めなさい。

$(ab^2c)^3 \times (-6b)^2 \div ab^4c^4$

(3) $x=\dfrac{m}{a+b}$ を b について解きなさい。

連立方程式

① $\begin{cases} 2x+3y=7\cdots① \\ 5x-2y=8\cdots② \end{cases}$ を解く [加減法]

①×2 　　　$4x+6y=14$
②×3 　+)$15x-6y=24$
　　　　　　$19x$　　$=38 \Rightarrow x=2$

$x=2$ を①に代入して，
　$4+3y=7$, $3y=3$, $y=1$
したがって，$x=2$, $y=1$

> **合格テク**
> 消去しやすいほうの文字を，まず消去！
> 　x と y のどちらの文字を先に消去してもよいのだが，計算がラクでミスが少ないほうを選ぶとよい。

② $\begin{cases} 2x+3y=12\cdots① \\ y=3x-7 \quad\cdots② \end{cases}$ を解く [代入法]

②を①に代入して，
　$2x+3(3x-7)=12$,
　$2x+9x-21=12$, $11x=33$,
　$x=3$
$x=3$ を②に代入して，$y=3×3-7=2$
したがって，$x=3$, $y=2$

> **合格テク**
> $y=\sim$, $x=\sim$ の式があったら代入法で解く
> 　ふつうは加減法で解くが，$y=\sim$, $x=\sim$ の式があったら代入法のほうがカンタン！

$A=B=C$ の形では 2 つの式に分けよ

▶ $4x-5y=-4x+7y=-2$ を解く。

$\begin{cases} 4x-5y=-2 \quad\cdots① \\ -4x+7y=-2 \cdots② \end{cases}$ 　※もっとも簡単な -2 を 2 度使う組み合わせがよい。

①+②から，$2y=-4$, $y=-2$
$y=-2$ を①に代入して，
$4x+10=-2$, $4x=-12$, $x=-3$

> **基本ルール**
> ● $A=B=C$ の形の連立方程式は，
> 　$A=B$ 　$A=B$ 　$A=C$
> 　$A=C$ 　$B=C$ 　$B=C$
> のどれかの組み合わせで解く。

連立方程式では，加減法と代入法の 2
つの解き方を押さえよう。

基本の問題

答え：別冊**14**ページ

1 次の問いに答えなさい。

8分

(1) 次の連立方程式を加減法で解きなさい。

① $\begin{cases} x+y=4 \\ x-y=6 \end{cases}$

② $\begin{cases} 2x+3y=-3 \\ x-2y=9 \end{cases}$

(2) 次の連立方程式を代入法で解きなさい。

① $\begin{cases} x=-2y+3 \\ 3x+y=14 \end{cases}$

② $\begin{cases} 5x-2y=-15 \\ y=5x \end{cases}$

2 次の連立方程式を解きなさい。

12分

(1) $\begin{cases} 3x+2y=-14 \\ x-2y=6 \end{cases}$

(2) $\begin{cases} 6x-3y=3 \\ 3x+2y=5 \end{cases}$

(3) $\begin{cases} x+2y=13 \\ 3x+y=14 \end{cases}$

(4) $\begin{cases} 3x-2y=-1 \\ y=2x-1 \end{cases}$

(5) $\begin{cases} x=3y-4 \\ 2x-y=7 \end{cases}$

(6) $\begin{cases} y=3x \\ 2x+y=15 \end{cases}$

1 次の連立方程式を解きなさい。 15分

(1) $\begin{cases} 2x+3y=-1 \\ 2x-y=-5 \end{cases}$

(2) $\begin{cases} 4x-y=9 \\ 6x+5y=7 \end{cases}$

(3) $\begin{cases} 2x+3y=1 \\ -5x+9y=14 \end{cases}$

(4) $\begin{cases} 3x-2y=-13 \\ 2x+3y=0 \end{cases}$

(5) $\begin{cases} y=3x-7 \\ y=-5x+9 \end{cases}$

(6) $\begin{cases} 2x+9y=-13 \\ 3y=2x+1 \end{cases}$

2 次の連立方程式を解きなさい。 10分

(1) $\begin{cases} 3(x-2y)+5y=2 \\ -2x+3y=8 \end{cases}$

(2) $\begin{cases} 2x-3y=3 \\ 2(x+4)=7-y \end{cases}$

(3) $\begin{cases} 3(x+y)=5-2y \\ 2x+(y-5)=x-2 \end{cases}$

(4) $\begin{cases} 2(x-2y)-3(x-y)=-10 \\ 5(2x-y)-8x=-8 \end{cases}$

3 次の連立方程式を解きなさい。 15分

(1) $\begin{cases} \dfrac{1}{2}x-y=1 \\ x+2y=6 \end{cases}$

(2) $\begin{cases} 4x+6y=16 \\ \dfrac{1}{3}x-\dfrac{1}{2}y=-2 \end{cases}$

(3) $\begin{cases} 3x-\dfrac{1}{3}y=20 \\ \dfrac{x}{8}+\dfrac{y}{4}=4 \end{cases}$

(4) $\begin{cases} 4x-\dfrac{2}{3}y=6 \\ \dfrac{x}{4}+\dfrac{y}{2}=2 \end{cases}$

(5) $\begin{cases} 2x-y=8 \\ \dfrac{4x+3y}{6}=11 \end{cases}$

(6) $\begin{cases} \dfrac{x+y}{3}-x=3 \\ \dfrac{x-y}{2}+y=3 \end{cases}$

4 次の連立方程式を解きなさい。 5分

(1) $\begin{cases} 0.3x + 0.4y = -0.5 \\ 2x - 5y = 12 \end{cases}$
(2) $\begin{cases} 0.7x - 0.2y = 3 \\ -0.3x + 0.4y = -1.6 \end{cases}$

5 次の連立方程式を解きなさい。 8分

(1) $3x + 6y = -2x + y = -6$

(2) $3x - 2y = 2x + y - 12 = -15$

(3) $2x + y = 3x - 1 = 5x + 2y + 5$

6 次の連立方程式を解きなさい。 5分

(1) $\begin{cases} 0.2x - 0.3y = 5 \\ \dfrac{1}{2}x + \dfrac{2}{7}y = -2 \end{cases}$

(2) $\begin{cases} 3(x-10) = 2(4y - 3x) + 36 \\ \dfrac{3x - y}{2} = \dfrac{x - 2y + 4}{3} \end{cases}$

STEP **3** ゆとりで合格の問題 答え：別冊**18**ページ

1 次の連立方程式を解きなさい。 5分

(1) $\begin{cases} \dfrac{x+1}{2} + \dfrac{y-1}{3} = 2 \\ y = 3x + 1 \end{cases}$

(2) $\dfrac{3x - 4y}{3} = \dfrac{2y + 7x - 32}{4} = 5x - y + 14$

6 関 数

重要解法 チェック!

① グラフが2点$(-1, 3)$, $(2, -3)$を通る直線の式を求める問題

▶ 直線の式を $y=ax+b$ とおく。

2点$(-1, 3)$, $(2, -3)$の x 座標、y 座標をそれぞれ式に代入すると、

$$\begin{cases} 3=-a+b & \cdots① \\ -3=2a+b & \cdots② \end{cases}$$

①, ②を連立方程式として解くと、

$a=-2$, $b=1$

直線の式は、$y=-2x+1$

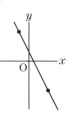

合格 🔒 テク

略図をかこう!

右図のように、2点と直線の略図をかき、傾きや切片の位置を確かめればミスが防げる。

② 点$(3, -2)$と対称な点を求める問題

⑦ x 軸　　④ y 軸　　⑨原点　←　それぞれについて対称な点は…

▶ ⑦ 右の図から、
点 $P(3, 2)$

④ 右の図から、
点 $Q(-3, -2)$

⑨ 右の図から、
点 $R(-3, 2)$

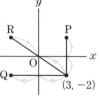

合格 🔒 テク

点(a, b)と、x 軸, y 軸, 原点について対称な点の座標

● x 軸について対称
$(a, b) \rightleftarrows (a, -b)$

● y 軸について対称
$(a, b) \rightleftarrows (-a, b)$

● 原点について対称
$(a, b) \rightleftarrows (-a, -b)$

1 次関数の変化の割合は一定

▶ 1次関数 $y=2x-1$ で、x の値が1から4まで増加するときの変化の割合を求めなさい。

x の増加量は、$4-1=3$

y の増加量は、$(2\times4-1)-(2\times1-1)=7-1=6$

$$変化の割合=\frac{y の増加量}{x の増加量}=\frac{6}{3}=2$$

← 1次関数 $y=ax+b$ の変化の割合は一定で、x の係数 a に等しい。

確認 上の式を変形すると、**y の増加量=変化の割合×x の増加量**

1 次関数 $y=ax+b$ のグラフは，傾き a，切片 b の直線になる。

STEP 1 基本の問題

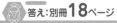

答え：別冊 **18** ページ

1 次の問いに答えなさい。

(1) y は x に比例し，比例定数が 2 であるとき，y を x の式で表しなさい。

(2) y は x に反比例し，$x=4$ のとき $y=3$ です。このとき，比例定数を求めなさい。

(3) 点 $P(2, -1)$ と x 軸について対称な点の座標を求めなさい。

(4) 点 $A(3, 2)$ を y 軸の正の方向に 4 だけ移動した点の座標を求めなさい。

2 次の問いに答えなさい。

(1) 1 次関数 $y=-3x+2$ で，$x=2$ のときの y の値を求めなさい。

(2) 1 次関数 $y=2x-4$ で，$y=2$ のときの x の値を求めなさい。

(3) 1 次関数 $y=3x+1$ で，x が 1 から 3 まで増加するときの変化の割合を求めなさい。

(4) 直線 $y=3x-5$ の傾きを求めなさい。

(5) 傾きが 2，切片が 1 の直線の式を求めなさい。

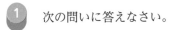

1 次 計算技能

学習日 月 日

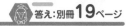

S **T** **E** **P** **2** 合格力をつける問題 答え：別冊**19**ページ

1 次の問いに答えなさい。

(1) y は x に比例し，対応する x, y の値は右の表のようです。ア〜ウにあてはまる数をそれぞれ求めなさい。また，比例定数を求めなさい。

x	-4	-2	0	2	4
y	ア	6	イ	ウ	-12

(2) y は x に比例し，$x=5$ のとき $y=-5$ です。y を x の式で表しなさい。

(3) y は x に比例し，$x=-3$ のとき $y=1$ です。$x=6$ のときの y の値を求めなさい。

2 次の問いに答えなさい。

(1) y は x に反比例し，対応する x, y の値は右の表のようです。ア，イにあてはまる数をそれぞれ求めなさい。また，比例定数を求めなさい。

x	-9	-3	0	3	9
y	$-\dfrac{1}{9}$	ア		$\dfrac{1}{3}$	イ

(2) y は x に反比例し，$x=-3$ のとき $y=-2$ です。$x=6$ のときの y の値を求めなさい。

3 点 A$(-2, -3)$ について，次の問いに答えなさい。

(1) 点 A と x 軸について対称な点の座標を求めなさい。

(2) 点 A と y 軸について対称な点の座標を求めなさい。

(3) 点 A と原点について対称な点の座標を求めなさい。

(4) 点 A を右へ 5 だけ移動し，さらに上へ 4 だけ移動した点の座標を求めなさい。

4 次の問いに答えなさい。 ⏱20分

(1) 1次関数 $y=\dfrac{x}{3}+2$ において x の増加量が 6 のとき，y の増加量を求めなさい。

(2) 点$(-1,\ 4)$を通り，傾き -2 の直線の式を求めなさい。

(3) 1次関数 $y=\dfrac{2}{3}x+b$ のグラフが点$(6,\ -4)$を通るとき，b の値を求めなさい。

(4) 1次関数 $y=ax-3$ のグラフが点$(-2,\ 7)$を通るとき，a の値を求めなさい。

(5) 直線 $y=-\dfrac{1}{2}x+4$ に平行で，点$(6,\ 3)$を通る直線の式を求めなさい。

(6) 点$(3,\ -2)$を通り，x の値が 3 増加すると，y の値が 1 増加する直線の式を求めなさい。

(7) 2点$(3,\ 2)$，$(-1,\ -2)$を通る直線の式を求めなさい。

(8) $x=-2$ のとき $y=7$，$x=1$ のとき $y=1$ である 1 次関数の式を求めなさい。

(9) 2元1次方程式 $2x-y=3$ を y について解きなさい。また，このグラフの傾きと切片を求めなさい。

STEP 3 ゆとりで合格の問題 答え:別冊20ページ

1 次の問いに答えなさい。 ⏱5分

(1) 点 B は 2 点$(-3,\ -3)$，$(1,\ 5)$を通る直線上の点です。点 B の y 座標が 1 のとき，x 座標を求めなさい。

(2) 点 $P(-3,\ 5)$と原点について対称な点を通り，傾き -2 の直線があります。この直線上に点 $A(a,\ -7)$があるとき，a の値を求めなさい。

図　形

重要解法 チェック！

① 平行線内の角の大きさを求める問題

▶点 P を通り，AB に平行な直線 GH をひく。

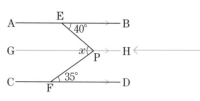

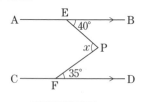

平行線の錯角から，

∠EPG＝∠BEP＝40°

∠GPF＝∠PFD＝35°

したがって，∠x＝40°＋35°＝75°

合格　テク

補助線を活用しよう。

　点 P を通り，AB に平行な直線をひくと，**平行線の錯角**の性質が利用できる。

② 十二角形の内角の和を求める問題

▶n 角形の内角の和は，

$180° \times (n-2)$

だから，

$180° \times (12-2)$

$= 1800°$

合格　テク

公式が成り立つ理由を考えよう！

　右の図のように1つの頂点から対角線をひくと，$(n-2)$個の三角形ができる。1つの三角形の内角の和は180°だから，n 角形の内角の和は，**$180° \times (n-2)$**

多角形の外角の和は 360°

●多角形の外角の和は，何角形でも同じで，360°である。

例　正十八角形の1つの外角の大きさを求めてみよう。

　　正多角形では外角はすべて等しいから，正十八角形の1つの外角は，

　　　$360° \div 18 = 20°$

基本の問題

答え：別冊**21**ページ

1 次の図形のうち，線対称な図形はどれですか。また，点対称な図形はどれ
ですか。
⏱ 5分

2 右の図について，次の問いに答えなさい。
⏱ 5分

(1) ⑦の四角形の拡大図は
どれですか。

(2) ⑦の四角形の縮図はど
れですか。

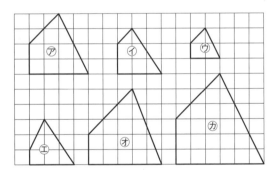

3 次の図において，∠*a*，∠*b* の大きさを求めなさい。
⏱ 5分

(1)

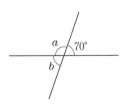

(2)　*ℓ // m*

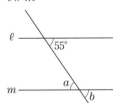

STEP **2** 合格力をつける問題 答え：別冊**21**ページ

1 次の問いに答えなさい。　🕐 5分

(1) 右の図は，直線 ℓ を対称の軸とする線対称な図形の一部です。この図形が線対称な図形となるように，残りの頂点の位置を決めます。頂点となる 2 点はどれですか。ア〜オの中からそれぞれ 1 つ選びなさい。

(2) 右の図は，点 O を対称の中心とする点対称な図形の一部です。この図形が点対称な図形となるように，残りの頂点の位置を決めます。頂点となる 2 点はどれですか。ア〜オの中からそれぞれ 1 つ選びなさい。

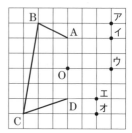

2 次の問いに答えなさい。　🕐 5分

(1) 右の図で，△DEF が △ABC の 2 倍の拡大図となるように，頂点 D の位置を決めます。頂点 D となる点を，ア〜オの中から 1 つ選びなさい。

(2) 右の図で，四角形 EFGH が四角形 ABCD の $\frac{1}{2}$ の縮図となるように，点 E，H の位置を決めます。頂点 E，H となる点を，ア〜オの中から 1 つ選びなさい。

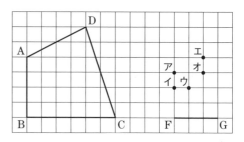

3 次の図において，∠x の大きさを求めなさい。 5分

(1)
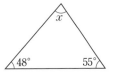

(2)
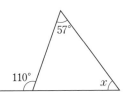

4 次の図で，ℓ // m のとき，∠x の大きさを求めなさい。 5分

(1)
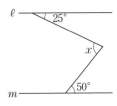

(2)
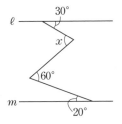

5 次の問いに答えなさい。 5分

(1) 十角形の内角の和は何度ですか。

(2) 内角の和が 1080°の多角形は何角形ですか。

(3) 1 つの外角の大きさが 72°の正多角形は正何角形ですか。

STEP **3** ゆとりで合格の問題 答え：別冊22ページ

1 次の図において，∠x の大きさを求めなさい。 4分

(1) ℓ // m
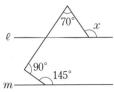

(2) ∠ABP＝∠PBC，
∠ACP＝∠PCD
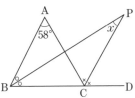

8 データの活用, 確率

重要解法 チェック！

① 1個のさいころを振るとき, 偶数の目が出る確率を求める問題

▶目の出方は, 右の図のように全部で **6通り**。そのうち, 偶数の目が出る場合は, 2, 4, 6 の **3通り**だから, 求める確率は,

$$\frac{3}{6}=\frac{1}{2}$$

② 2枚の硬貨 A, B を投げるとき, 表が1枚出る確率を求める問題

▶表と裏の出方は, 右の樹形図より, 全部で **4通り**。そのうち, 表が1枚出る場合は **2通り**あるから, 求める確率は,
　　↖図の○印

$$\frac{2}{4}=\frac{1}{2}$$

```
        A       B
        表 ＜   表
              裏○
        裏 ＜   表○
              裏
```

合格 テク

場合の数は, 図や表をかいて調べる！
　表や樹形図などを利用して場合の数を調べると, 重複や数えモレなどのミス防止になる。

データの中央値, 最頻値, 範囲は？

例　下のデータについて, 中央値, 最頻値, 範囲を求めなさい。
　　2, 3, 4, 4, 5, 5, 6, 7, 7, 7, 8

●データの個数は 11 個だから, 中央値は6 番目の値で, **5**

●最も多いデータの個数は 7 の 3 個だから, 最頻値は, **7**

●**範囲＝最大値－最小値**
　最大値は 8, 最小値は 2 だから, 8－2＝**6**

中央値…データの値を大きさの順に並べたときの中央の値。
最頻値…データの値の中で最も多く出てくる値。

ココが
ポイント
データの活用についての用語，確率の
求め方をしっかり押さえておこう。

基本の問題

答え：別冊**23**ページ

1 　右の表は，30人の男子生徒のハンドボール投げの
記録について，度数分布表に整理したものです。次の
問いに答えなさい。 🕐 5分

(1) 　階級の幅は何mですか。

(2) 　15m以上20m未満の階級の度数は何人ですか。

(3) 　20m以上25m未満の階級の階級値は何mですか。

(4) 　度数が最も大きい階級を求めなさい。

ハンドボール投げの記録

階級(m)	度数(人)
以上　　未満 10 ～ 15	3
15 ～ 20	6
20 ～ 25	8
25 ～ 30	9
30 ～ 35	4
計	30

2 　次の問いに答えなさい。 🕐 20分

(1) 　右のように，1，2，3の数が書いてある3個の玉があ
ります。この玉のうち，2個を並べてできる2けたの整
数は全部で何通りありますか。

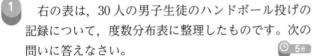

(2) A，B，C，Dの4人から2人の委員を選びます。2人の選び方は全部
で何通りありますか。

(3) 　1個のさいころを振ったとき，3の倍数の目が出る確率を求めなさい。

(4) 　袋に玉が8個はいっていて，そのうち6個は赤玉です。この袋から玉を1
個取り出すとき，赤玉が出る確率を求めなさい。

(5) 　2枚の硬貨A，Bを投げるとき，2枚とも裏が出る確率を求めなさい。

答え：別冊**23**ページ

1 次の問いに答えなさい。

(1) A，B，C，Dの4人がリレーチームをつくります。4人の走る順番は全部で何通りありますか。

(2) ①，②，③，④の4枚のカードから3枚選んで並べ，3けたの整数をつくります。3けたの整数は全部で何通りできますか。

(3) A，B，C，D，Eの5チームで，バスケットボールの試合をします。どのチームとも1回ずつ対戦するとき，試合数は全部で何試合になりますか。

(4) 10円硬貨，50円硬貨，100円硬貨，500円硬貨がそれぞれ1枚ずつあります。これらの硬貨を何枚か使って払うことができる金額は，全部で何通りありますか。ただし，少なくとも1枚は硬貨を使うものとします。

2 3枚の硬貨を同時に投げるとき，次の問いに答えなさい。

(1) 表と裏の出方は全部で何通りありますか。

(2) 3枚とも表が出る確率を求めなさい。

(3) 1枚が表で，2枚が裏が出る確率を求めなさい。

(4) 少なくとも1枚は表が出る確率を求めなさい。

3 大小2個のさいころを同時に振るとき，次の問いに答えなさい。 ⏱15分

(1) 目の出方は全部で何通りありますか。

(2) 出る目の数の和が7になる確率を求めなさい。

(3) 出る目の数の差が1になる確率を求めなさい。

(4) 出る目の数の積が奇数になる確率を求めなさい。

4 袋の中に，赤玉が2個，白玉が2個はいっています。この袋の中から同時に2個の玉を取り出すとき，次の問いに答えなさい。 ⏱10分

(1) 玉の取り出し方は全部で何通りありますか。

(2) 1個が赤玉で，1個が白玉である確率を求めなさい。

(3) 2個とも同じ色の玉である確率を求めなさい。

5 右の表は，ある中学校の女子生徒の 50m走の記録を調べて，ヒストグラムにまとめたものです。次の問いに答えなさい。 ⏱10分

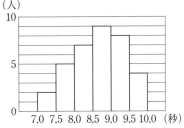

(1) 階級の幅は何秒ですか。

(2) 記録を調べた生徒は全部で何人ですか。

(3) 最頻値を求めなさい。

6 右の表は，ある中学校の生徒50人の通学時間について，度数分布表に整理したものです。次の問いに答えなさい。 ⏱10分

通学時間

階級(分)	度数(人)
以上　未満	
0 ~ 10	6
10 ~ 20	12
20 ~ 30	14
30 ~ 40	x
40 ~ 50	5
計	50

(1) x の値を求めなさい。

(2) 度数が最も大きい階級の階級値は何分ですか。

(3) 30分以上の生徒は全体の何%ですか。

7 下のデータは，20人の生徒の計算テスト(10点満点)の得点です。 ⏱10分

2, 3, 4, 4, 5, 5, 5, 6, 6, 6, 7, 7, 7, 7, 8, 8, 8, 9, 10, 10

(1) 中央値を求めなさい。　　(2) 最頻値を求めなさい。

(3) 範囲を求めなさい。

8 右の図は，中学1年生の計算のテストの得点を箱ひげ図に表したものです。次のア～エの中から正しいものをすべて選びなさい。 ⏱5分

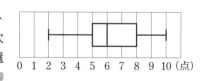

ア　最低点は5点である。　　イ　最高点は10点である。

ウ　平均点は6点である。　　エ　範囲は8点である。

STEP 3 ゆとりで合格の問題 答え：別冊**25**ページ

1 A，B，Cの3人で，1回だけじゃんけんをします。Aがグーを出すとき，次の問いに答えなさい。 ⏱10分

(1) Aだけが勝つ確率を求めなさい。

(2) 2人が勝つ確率を求めなさい。

(3) 3人があいこになる確率を求めなさい。

第 **2** 章

数理技能検定［❷次］【対策編】

電卓が使用できます

数量に関する問題

★基本の確認

<table>
<tr><td colspan="2">『これだけは』チェック! 数量の求め方・数量関係の表し方</td></tr>
<tr><td>①平　均</td><td>平均＝資料の値の合計÷資料の個数
例　4, 8, 3 の平均 ⇨ (4＋8＋3)÷3＝5</td></tr>
<tr><td>②速　さ</td><td>速さ＝道のり÷時間
道のり＝速さ×時間, 時間＝道のり÷速さ
例　120 km の道のりを 4 時間で走る自動車の速さ
　　⇨ 120÷4＝30 ⇨ 時速 30 km</td></tr>
<tr><td>③割　合</td><td>百分率▶ 1 ％＝0.01
例　50 人の 6 ％ ⇨ 50×0.06＝3(人)
歩　合▶ 1 割 ＝0.1, 1 分 ＝0.01
例　200 円の 2 割 ⇨ 200×0.2＝40(円)</td></tr>
<tr><td>④素数と
　素因数分解</td><td>1 とその数自身のほかに約数がない自然数を素数という。
ただし, 1 は素数でない。
自然数を素因数の積で表すことを素因数分解するという。
例　60 の素因数分解 ⇨ 60＝2²×3×5</td></tr>
</table>

▶次の □ にあてはまるものを入れなさい。　(解答は右下)

❶平　均

① 14 g, 15 g, 19 g の平均は, (14＋15＋19)÷□＝□(g)

② 5 人の身長の平均が 154 cm のとき, 5 人の身長の合計は,
　□×5＝□(cm)

❷速さ・道のり・時間

① 秒速 5 m は, 時速 □ km

② 時速 4 km で 2 時間歩いたとき, その道のりは □ km

単位に注意して答えよう。また，公式の使い方をしっかりおさえよう。

③　15 km の道のりを，時速 5 km の速さで進むと，かかる時間は □□□ 時間

④　20 km の道のりを進むのに 5 時間かかりました。そのときの速さは時速 □□□ km

❸割　合

①　3 割 5 分を小数で表すと，□□□

②　0.12 を百分率で表すと，□□□ %

③　600 円の 30 ％は，600×□□□=□□□（円）

❹素数と素因数分解

①　1 けたの素数は，小さい方から順に □□□, □□□, □□□, □□□ の 4 つある。

②　180 を素因数分解する手順について，次の問いに答えなさい。
　(1)　□□□ にあてはまる数を書きなさい。

　(2)　180 を素因数分解しなさい。

```
□ ) 1 8 0
□ )  9 0
□ )  4 5
□ )  1 5
□
```

同じ数の積は累乗の指数を使って表そう。

基本の確認
解答

❷①3, 16　②154, 770 ［コーチ （資料の値の合計）＝（平均）×（個数）］
❷①18　②8　③3　④4　❸①0.35　②12　③0.3, 180
❹①2, 3, 5, 7　②(1)(上から順に)2, 2, 3, 3, 5　(2)$2^2×3^2×5$

★実戦解法テクニック

例題① 速さ・道のり・時間の問題 → 単位に注意をはらう！

時速 4 km で x 分間歩くと，何 km 進みますか。

解法 道のり＝速さ×時間で求められる。

ここで，x 分間を時間に直すと，$\dfrac{x}{60}$ 時間。

したがって，求める道のりは，

$$4 \times \dfrac{x}{60} = \dfrac{x}{15}\,(\text{km}) \impliedby 答$$

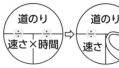

確認 公式活用の便利図

求めるものを，指でかくすと，
公式が現れる！（上の図では，
時間＝道のり÷速さ）

例題② 比の問題 → 比の値で考えよう！

一郎君とゆり子さんの持っている金額の比は，3：2 です。ゆり子さんが 400 円持っているとすると，一郎君はいくら持っていることになりますか。

解法 比が 3：2 だから，一郎君の金額

は，ゆり子さんの金額の $\dfrac{3}{2}$ ←比の値

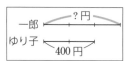

したがって，$400 \times \dfrac{3}{2} = 600$（円） ← 答

確認 別の考え方

一郎君の金額を x 円とすると，
$$x : 400 = 3 : 2$$
$$x \times 2 = 400 \times 3$$
$$2x = 1200, \quad x = 600\,(\text{円})$$

比例式の性質
$$a : b = c : d \Rightarrow ad = bc$$

例題③ 素因数分解の利用の問題 → まず素因数分解！

150 にできるだけ小さい正の整数をかけて，ある正の整数の 2 乗になるようにします。かける正の整数を求めなさい。

解法 150 を素因数分解すると，$150 = 2 \times 3 \times 5^2$

これを（正の整数）^{2} にするには，それぞれの素因数の指数を偶数にすればよいから，

$$(2 \times 3 \times 5^2) \times 2 \times 3 = 2^2 \times 3^2 \times 5^2 = (2 \times 3 \times 5)^2 = 30^2$$

とすればよい。

よって，かける正の整数は，$2 \times 3 = 6$ ← 答

$$
\begin{array}{r}
2\,)\,150 \\
3\,)\,75 \\
5\,)\,25 \\
5
\end{array}
$$

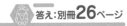

基本の問題

答え:別冊**26**ページ

 次の問いに答えなさい。

(1) 15人が1列に並んでいます。2人の間は，ちょうど3mずつ離れています。両端の人の間は，何m離れていますか。

(2) ある仕事をするのに，1人ですると35日かかります。この仕事を7日間で終わらせるためには，毎日等しい人数で行うとき，1日に何人が必要ですか。

2 次の問いに答えなさい。

(1) 明さんの学校の生徒数は720人です。歯の検診でむし歯のある人は全体の65%でした。むし歯のない人は何人ですか。

(2) 1250円で仕入れたシャツに，仕入れ値の2割のもうけを見込んで定価をつけました。定価は何円ですか。

(3) 本を全体のページ数の$\frac{3}{8}$だけ読みましたが，まだ150ページ残っています。この本は，全体で何ページありますか。

3 次の問いに答えなさい。

(1) 5人の体重は，下のようでした。5人の平均体重は何kgですか。
   52kg，57kg，53kg，60kg，62kg

(2) 6人の身長の平均は161cmでした。このうち，たけし君を除いた5人の身長の平均は，160cmでした。たけし君の身長は何cmですか。

4 次の問いに答えなさい。

(1) 絶対値が4より小さい整数は全部で何個ありますか。

(2) 次の数を素因数分解しなさい。
   ① 210 　　　　　　　　　② 360

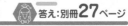

STEP 2 合格力をつける問題 答え:別冊**27**ページ

1 次の問いに答えなさい。 ⏱10分

(1) 縦 20 m，横 35 m の長方形の畑があります。この畑の面積は何 a ですか。

(2) 時速 110 km の列車が t 分間に進む距離は何 km ですか。

(3) 地震が発生した場所を震源といいます。地震のゆれが伝わる速さを秒速 6.4 km とすると，震源から 96 km 離れた地点では，地震が発生してから何秒後にゆれ始めますか。

(4) まりさんはハワイへ旅行に行くので，銀行で 20 万円をドルにかえてもらいました。20 万円は何ドルになりますか。
ただし，1 ドルを 130 円で計算し，四捨五入して一の位まで求めなさい。

2 $y=60-x$ で表される数量の関係はどれですか。下の①〜④の中から 1 つ選びなさい。 ⏱5分

① 1 個 60 円のみかんを x 個買ったときの代金は y 円である。
② x ページの本を y ページ読むと，残りのページ数は 60 ページである。
③ 60 km の道のりを，時速 x km の速さで進んだときにかかる時間は，y 時間である。
④ 縦の長さが x cm，横の長さが y cm の長方形のまわりの長さは 120 cm である。

3 ある中学校の生徒の人数は，1 年生が 150 人，2 年生が 125 人，3 年生が 135 人です。次の問いに答えなさい。 ⏱5分

(1) 1 年生と 2 年生の人数を，もっとも簡単な整数の比で表しなさい。

(2) 3 年生の男子と女子の人数の比は 7：8 です。3 年生の男子と女子の人数はそれぞれ何人ですか。

4 252 にできるだけ小さい正の整数をかけて，ある正の整数の 2 乗になるようにする。かける正の整数を求めなさい。 ⏱3分

5 次の問いに答えなさい。　⏱ 5分

(1) わが国において，1 日 1500 万枚の牛乳パックが消費されます。牛乳パック 9000 枚分の紙をつくるには，直径 14 cm の緑の立ち木 6 本を必要とします。(船橋市環境部調べ) 30 日間に消費される牛乳パックのために，直径 14 cm の立ち木が何本切られることになりますか。

(2) ある学校の今年度の生徒数は昨年度より 7 ％増えて a 人になりました。昨年度の生徒数を a の式で表しなさい。

6 下の表は，A，B，C，D，E の数学のテストの点数を，60 点を基準として，60 点より高いときはその差を正の数で，低いときはその差を負の数で表したものです。このとき，次の問いに答えなさい。　⏱ 10分

	A	B	C	D	E
基準との差(点)	+8	+5	−9	−3	+9

(1) C の点数は何点ですか。

(2) B の点数は D の点数より何点高いですか。

(3) 5 人の点数の平均は何点ですか。

STEP 3 ゆとりで合格の問題　🔖 答え:別冊**28**ページ

1 次の問いに答えなさい。　⏱ 10分

(1) 次の①，②の関係が同時に成り立つような，たがいに異なる 3 つの数 x，y，z の値の組をすべて求めなさい。(x, y, z) の形で答えなさい。
　① x，y，z はいずれも絶対値が 3 以下の整数である。
　② $x \times y = 0$，$x \times z > 0$，$x + z < 0$，$x - z > 0$

(2) x が次の範囲の値をとるとき，$\dfrac{1}{x}$，x，x^2，x^3 の大小関係を不等号を用いて答えなさい。
　① $-1 < x < 0$ のとき　　　　② $0 < x < 1$ のとき

❷ 次 数理技能

② 方程式の問題

★基本の確認

『これだけは』チェック!	**基本的な数量関係**

①代　金	代金＝単価×個数　例　1個50円の商品 x 個の代金 $\Rightarrow 50 \times x = 50x$（円）
②速　さ	速さ＝道のり÷時間， **道のり＝速さ×時間，時間＝道のり÷速さ** 例　x km の道のりを時速 40 km の自動車で行ったとき にかかる時間 $\Rightarrow x \div 40 = \dfrac{x}{40}$（時間）
③割　合	a 割＝$\dfrac{a}{10}$　または，$0.1a$，b ％＝$\dfrac{b}{100}$　または，$0.01b$
④食塩水	**食塩の重さ＝食塩水の重さ×濃度** 例　x ％の食塩水 300 g に含まれる食塩の重さ $\Rightarrow 300 \times \dfrac{x}{100} = 3x$（g）

▶次の ☐ にあてはまるものを入れなさい。　（解答は右下）

①代金・単価・個数

①　1個 140 円のりんご x 個の代金は，☐円

②　1本 80 円の鉛筆 x 本と，150 円のノート 1 さつの合計の代金は，（☐）円

③　50 円切手 x 枚と，80 円切手 y 枚との合計の代金は，（☐）円

④　1個 60 円のみかん x 個と，1個 110 円のなしを 3 個買ったら，代金は 630 円になりました。これを式で表すと，
　　　　☐＝630

POINT ココが ポイント

方程式の問題では，等しい関係をはっきりさせよう。

学習日

月 日

❷ 速さ・道のり・時間

① x km の道のりを毎時 5 km の速さで歩いたときかかる時間は， ☐ 時間

② 毎分 x m の速さで，1時間歩いたときの道のりは， ☐ m

③ 最初の x km を毎時 3 km の速さで歩き，残りの y km を
毎時 8 km の速さで走ったとき，全体でかかった時間は，
(☐)時間

単位に注意
しよう！

❸ 割 合

① 仕入れ値が a 円の品物に，仕入れ値の2割の利益を見込んで値段をつけた
ときの定価は， ☐ 円

② a 円の9％は， ☐ 円

❹ 食塩水

① a ％の食塩水 400 g に 200 g の水を加えると，できる食塩水の濃度は， ☐
％

② x ％の食塩水 200 g に y ％の食塩水 300 g を加えたとき，できる食塩水に含
まれる食塩の重さは， (☐)g

基本の確認
解答

❶① 140x ② 80x+150 ③ 50x+80y ④ 60x+330 ❷① $\dfrac{x}{5}$ ② 60x

③ $\dfrac{x}{3}+\dfrac{y}{8}$ ❸① 1.2a ② $\dfrac{9}{100}a$ ❹① $\dfrac{2}{3}a$ 〔**コーチ** a ％の食塩水 400 g に
含まれる食塩の重さは，4a g。水 200 g を加えるのだから，濃度は
$4a \div (400+200) \times 100 (\%)$〕 ② 2$x$+3$y$ 〔**コーチ** 混ぜる前後で，食塩の重
さは変わらない。〕

★実戦解法テクニック

例題❶ 分配に関する問題→余りと不足の表し方を押さえよう！

サッカーの選手に缶ジュースを1人に3本ずつ配ると9本余るので，1人に4本ずつ配ったら6本不足しました。サッカーの選手は何人ですか。

解法　それぞれの場合に必要な缶ジュースの本数と過不足を考える。

選手の人数をx人とすると…

3本ずつの場合　　　　4本ずつの場合

$$\underbrace{3x+9}_{\text{必要な本数}\ \text{余り}} = \underbrace{4x-6}_{\text{必要な本数}\ \text{不足}}$$

> 缶ジュースの**総本数**は，**どちらも変わらないこと**に注目。

$3x+9=4x-6$ を解くと，$x=15$（人）←**答**

例題❷ 方程式の応用問題→解の検討が大切！

現在Aさんは13歳，お母さんは35歳です。お母さんの年齢がAさんの年齢の3倍になるのはいつですか。

解法　いまからx年後に3倍になるとすると，

$35+x=3(13+x)$ ←母の年齢＝Aの年齢×3

$35+x=3(13+x)$ を解くと，$x=-2$

−2年後とは2年前のことだから，

これは問題にあてはまる。**答**→ 2年前

> **■解の検討**
> 解をそのまま答えにできない場合に注意!!
> ①個数，人数 ⇨ 自然数
> ②長さ，重さ ⇨ 正の数

例題❸ 食塩水の問題→含まれる食塩の量に注目！

5％の食塩水と10％の食塩水を混ぜ合わせて，7％の食塩水を200g作ります。それぞれの食塩水を何gずつ混ぜればよいですか。

解法　5％の食塩水をxg，10％の食塩水をyg混ぜると，

$$\begin{cases} x+y=200 \\ \dfrac{5}{100}x+\dfrac{10}{100}y=200\times\dfrac{7}{100} \end{cases}$$

5％食塩水中の食塩の重さ　10％食塩水中の食塩の重さ　7％食塩水中の食塩の重さ

——等しい——

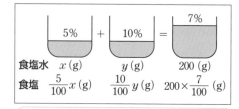

	食塩水	食塩
5%	x (g)	$\frac{5}{100}x$ (g)
10%	y (g)	$\frac{10}{100}y$ (g)
7%	200 (g)	$200\times\frac{7}{100}$ (g)

公式　**食塩の重さ＝食塩水の重さ×濃度**

混合する前後で，食塩の重さは不変。連立方程式より，$x=120$，$y=80$

5％の食塩水 ⇨ 120g，10％の食塩水 ⇨ 80g ←**答**

基本の問題

 次の問いに答えなさい。 ⏱ 30分

(1) ある数を 3 倍して 2 をひいた数は 10 になります。ある数を求めなさい。

(2) 1 本 120 円のジュースを何本かと，1 個 180 円のパンを 2 個買ったら，代金の合計が 960 円になりました。ジュースは何本買いましたか。

(3) A 地点から B 地点まで往復するのに，行きは毎時 40 km，帰りは毎時 60 km の速さで走ったら，かかった時間が帰りは行きより 1 時間少なかったです。

　行きにかかった時間を x 時間として，距離に着目して x について方程式をつくり，往復するのにかかった時間を求めなさい。

(4) 12% の食塩水が 600 g あります。この食塩水に水を加えて，10 % の食塩水にします。水を何 g 加えればよいですか。

(5) 現在，父は 44 歳，子どもは 14 歳です。父の年齢が子どもの年齢の 4 倍になるのはいつですか。

(6) 45 人の学級で，英語のテストをしたところ，男子の平均点は 70 点，女子の平均点は 75 点で，全体の平均点は 72 点でした。この学級の男子の人数は何人ですか。

❷ 2 けたの正の整数があります。各位の数の和は 13 で，十の位の数と一の位の数を入れかえた数が，もとの整数より 45 大きいとき，次の問いに答えなさい。 ⏱ 10分

(1) もとの数の十の位の数を x，一の位の数を y として連立方程式をつくりなさい。

(2) もとの整数を求めなさい。

STEP 2 合格力をつける問題

答え：別冊**29**ページ

1　折り紙を何人かの生徒に配るのに，1人に6枚ずつ配ると10枚余りました。そこで，1人に7枚ずつ配ると6枚たりませんでした。次の問いに答えなさい。　⏱10分

(1)　生徒の人数を x 人として，方程式をつくりなさい。

(2)　折り紙の総数は，何枚ありましたか。

2　めぐみさんは1本70円の鉛筆と，1本120円のボールペンを合わせて12本買いました。代金は1090円でした。次の問いに答えなさい。　⏱10分

(1)　買った鉛筆の本数を x 本，ボールペンの本数を y 本として，連立方程式をつくりなさい。

(2)　買った鉛筆の本数とボールペンの本数を求めなさい。

3　ある団体の40人が競技大会に参加するため，駅から会場までタクシーに分乗して行きました。タクシーは4人乗り（乗客定員4人）と5人乗り（乗客定員5人）の2種類があり，どのタクシーにも乗客定員いっぱい乗ったところちょうど全員が乗ることができました。払った料金は，タクシー1台あたり4人乗りはどれも820円，5人乗りはどれも900円で，合計が7700円でした。このとき，次の問いに答えなさい。　⏱15分

(1)　4人乗りのタクシーの台数を x 台，5人乗りのタクシーの台数を y 台として，連立方程式をつくりなさい。

(2)　(1)を解いて，4人乗りのタクシーと5人乗りのタクシーの台数は，それぞれ何台か求めなさい。

4 ある 42 人の学級の生徒のうち，兄も姉もいる生徒数は 3 人，兄も姉もいない生徒数は 30 人で，兄のいる生徒数は姉のいる生徒数の $\frac{2}{3}$ 倍です。これについて，次の問いに答えなさい。 ⏱15分

(1) 兄のいる生徒数を x 人，姉のいる生徒数を y 人として，連立方程式をつくりなさい。

(2) 兄のいる生徒数と姉のいる生徒数はそれぞれ何人ですか。

5 A 地から B 地を通って C 地まで行く道のりは 50 km です。あるバスが A 地と B 地の間は毎時 40 km の速さで，B 地と C 地の間は毎時 60 km の速さで走るとすれば，このバスが A 地から B 地を通って C 地に行くのにかかる時間は，1 時間 4 分です。これについて，次の問いに答えなさい。 ⏱15分

(1) A 地と B 地の間の道のりを x km，B 地と C 地の間の道のりを y km として，連立方程式をつくりなさい。

(2) A 地と B 地，B 地と C 地の間の道のりをそれぞれ求めなさい。

STEP 3 ゆとりで合格の問題 答え：別冊**30**ページ

1 濃度の異なる食塩水 A，B，C があります。A 200 g と B 300 g を混ぜると 3.8 ％の食塩水ができ，B 400 g と C 100 g を混ぜると 4 ％の食塩水ができます。また，A 200 g と C 100 g を混ぜ，これに水を 300 g 加えると，B と同じ濃度になります。このとき，食塩水 A，B，C の濃度を a ％，b ％，c ％として，次の問いに答えなさい。 ⏱10分

(1) a，b，c についての関係式をつくりなさい。

(2) 食塩水 A，B，C の濃度を求めなさい。

3 関数の問題

★基本の確認

---

①1次関数	$y=ax+b$（a, bは定数, $a\neq0$）と表される。 （注） 比例の式 $y=ax$ は，1次関数の特別な場合（$b=0$）
②変化の割合	1次関数の変化の割合は一定で，xの係数 a に等しい。　　変化の割合＝$\dfrac{y の増加量}{x の増加量}$
③グラフ	$y=ax+b$ のグラフは， **傾き a，切片 b の直線** ● $a>0$ のとき，**右上がり** ● $a<0$ のとき，**右下がり**

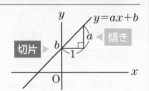

▶次の [____] にあてはまるものを入れなさい。　（解答は右下）

① 比例と反比例の関係

① 次の⑦～㊀のうち，y が x に比例するものは [____]，y が x に反比例する
ものは [____] です。

⑦　$y=x+2$　　　④　$y=\dfrac{2}{x}$　　　⑨　$y=x-2$　　　㊀　$y=-2x$

② 下の表は，y が x に比例する関係を表しています。表の [____] にあてはま
る数を求めると，

x	…	-6	-4	-2	0	2	4	6	…
y	…	[__]	[__]	[__]	0	[__]	-12	[__]	…

③ 下の表は，y が x に反比例する関係を表しています。表の [____] にあては
まる数を求めると，

x	…	-6	-4	-2	0	2	4	6	…
y	…	[__]	3	[__]	$\times$	[__]	[__]	[__]	…

学数 検定

POINT
ココが
ポイント

1次関数のグラフの傾きや切片の意味
をしっかり押さえよう。

学習日

月　日

❷次

数理技能

❷ 1次関数の式

① 次の⑦~㊀のうち，y が x の1次関数であるものは，□□□ と □□□ です。

　　⑦ $y=-x+3$　　④ $y=-\dfrac{3}{x}$　　⑨ $y=x^2$　　㊀ $y=\dfrac{x}{3}+4$

② 変化の割合が -3 で，$x=4$ のとき $y=-5$ となる1次関数があります。この1次関数の変化の割合が -3 だから，$y=$ □□□ $x+b$ と表されます。この式に $x=4$ のとき $y=-5$ を代入して，b の値を求めると，$b=$ □□□
したがって，1次関数の式は，$y=$ □□□ です。

❸ 変化の割合

① 次の1次関数⑦~㊀のうちから，変化の割合が -2 であるものを選び，記号で答えると，□□□ です。

　　⑦ $y=5x-6$　　④ $y=-3x-2$　　⑨ $y=-2x+3$　　㊀ $y=5x-2$

② 1次関数 $y=3x-5$ で，x が2増加したときの y の増加量は，□□□ です。

③ 1次関数 $y=-3x+4$ で，x の値が3から7まで増加するときの変化の割合は，□□□ です。

❹ 1次関数のグラフ

① 1次関数 $y=-4x+6$ のグラフの傾きは □□□ で，切片は □□□ です。

② 1次関数 $y=5x-4$ に，$x=2$ を代入すると，$y=6$ になります。
したがって，点(□□□, □□□)は，$y=5x-4$ のグラフ上の点です。

基本の確認

解答

❶① ㊀, ④　②18, 12, 6, -6, -18　③2, 6, -6, -3, -2
❷①⑦, ㊀　②-3, 7, -3x+7　❸①⑨　②6　③-3
❹① -4, 6　②2, 6

★実戦解法テクニック

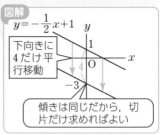

例題❶ 平行な直線の式を求める→傾きが等しいことに注目！

直線 $y=-\dfrac{1}{2}x+1$ を y 軸の負の方向に 4 だけ平行移動してできる直線の式を求めなさい。

解法 求める直線の**傾き**は $-\dfrac{1}{2}$ だから，

$y=-\dfrac{1}{2}x+b$，また，点 $(0,\ -3)$ を通るから，

$b=-3$ 式は，$y=-\dfrac{1}{2}x-3$ ◀答

図解：$y=-\dfrac{1}{2}x+1$

下向きに 4 だけ平行移動

傾きは同じだから，切片だけ求めればよい

例題❷ 2直線の交点を求める→交点の座標は連立方程式の解！

2つの直線 $y=-2x+3$，$y=x+1$ の交点の座標を求めなさい。

解法 2つの式を**連立方程式**として解くと，

$-2x+3=x+1$，$-3x=-2$，$x=\dfrac{2}{3}$

これを $y=x+1$ に代入して，$y=\dfrac{5}{3}$

交点の座標は，$\left(\dfrac{2}{3},\ \dfrac{5}{3}\right)$ ◀答

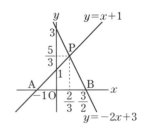

例題❸ 面積を求める問題→底辺と高さのとり方がカギ！

❷の図で，点 P を通り，△PAB の面積を 2 等分する直線の式を求めなさい。

解法 右の図のように，
点 P を通る直線が線分 AB の
中点 M を通るとき，△PAB
の面積は 2 等分される。

点 M の x 座標は，$\left(-1+\dfrac{3}{2}\right)\div2=\dfrac{1}{4}$

したがって，点 M の座標は，$\left(\dfrac{1}{4},\ 0\right)$

これより，2 点 P，M を通る直線の式を求めると，$y=4x-1$ ◀答

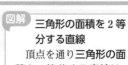

図解：三角形の面積を2等分する直線

頂点を通り三角形の面積を 2 等分する直線は，「底辺を 2 等分」する。

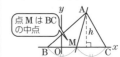

点 M は BC の中点

△ABM と △ACM は**底辺，高さ**がそれぞれ等しい。

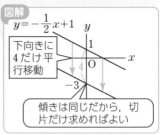

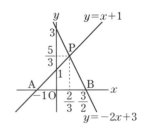

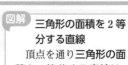

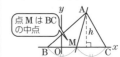

基本の問題

答え：別冊31ページ

1 次の①〜⑤の x と y の関係について，y が x の関数であるといえるものはどれですか。 ⏱5分

① 身長が x cm のときの体重を y kg とする。
② 周の長さが x cm の長方形の面積を y cm² とする。
③ 学習を x 時間したときのテストの点を y 点とする。
④ タクシーの料金が x 円のときの乗車距離を y km とする。
⑤ 市内通話時間が x 分のときの通話料金を y 円とする。

2 次の問いに答えなさい。 ⏱10分

(1) 点(2, 1)を通り，傾きが3の直線の式を求めなさい。

(2) 2点(1, 1)，(3, 5)を通る直線の式を求めなさい。

(3) 点(−3, −2)を通り，直線 $y=x+3$ に平行な直線の式を求めなさい。

(4) 2点(4, 6)，(4, −3)を通る直線の式を求めなさい。

(5) 点 A(−1, −2)を通る傾き −2 の直線があります。この直線が点 B(a, 6)を通るとき，a の値を求めなさい。

3 水が140 L 入っている水槽から一定の割合で水を排出します。右の表

x(分後)	0	1	2	3	4	…
y(L)	140	136	132	128	124	…

は，水を排出し始めてから x 分後の水槽の中の水の量を y L として，x と y の関係を表したものです。次の問いに答えなさい。 ⏱5分

(1) y を x を用いて表しなさい。

(2) 水槽の中の水の量が 80 L になるのは，水を排出し始めてから何分後ですか。

合格力をつける問題

答え：別冊**32**ページ

1 　右の図のように，関数 $y=ax$ のグラフと
関数 $y=\dfrac{b}{x}$ のグラフが点 A$(-6,\ 8)$ で交わっ
ています。次の問いに答えなさい。 　5分

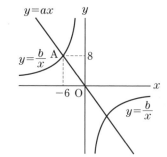

(1)　a の値を求めなさい。

(2)　b の値を求めなさい。

(3)　関数 $y=\dfrac{b}{x}$ のグラフ上に x 座標が 3 である
　　点 B をとります。点 B の座標を求めなさい。

2 　A君は自転車で 2 時に家を出発
し，途中の公園で B君とまちあわ
せて B君の家まで行きました。右
の図はそのとき，2 時 x 分に A君
の家から y km の地点にいるとし
て，x と y の関係をグラフに表した
ものです。このとき，次の問いに答
えなさい。

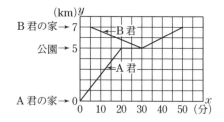

　20分

(1)　A君が家から公園まで行ったときの速さは毎分何 m ですか。

(2)　A君が公園にいたのは何分間ですか。

(3)　B君は 2 時 30 分に公園に着きました。B君が家から公園まで行ったとき
　　の速さを毎分 80 m とすると，B君は何時何分に自宅を出発しましたか。

(4)　$30\leqq x\leqq 50$ のとき，y を x の式で表しなさい。

3 Y市の水道料金は，使用量が $21\,\mathrm{m}^3$ から $40\,\mathrm{m}^3$ の範囲では，使用量の1次関数になっています。ある家庭の水道料金は，2月は $22\,\mathrm{m}^3$ 使って，1800円，5月は $28\,\mathrm{m}^3$ 使って，2700円でした。8月の使用量が $35\,\mathrm{m}^3$ であったとすると，水道料金はいくらですか。　⏱10分

4 右の図のように，$y=\dfrac{3}{2}x-6$ で表される直線 ℓ と，点$(0,\ 10)$ を通る直線 m が点Aで交わっています。点Aの x 座標が8であるとき，次の問いに答えなさい。　⏱15分

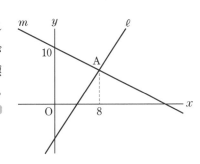

(1) 点Aの座標を求めなさい。

(2) 直線 m の式を求めなさい。

(3) 直線 ℓ，m と x 軸の交点をそれぞれB，Cとします。
　① 点Bの座標を求めなさい。

　② △ABCの面積を求めなさい。

　③ 点Aを通り △ABC の面積を2等分する直線の式を求めなさい。

STEP 3 ゆとりで合格の問題 🦉答え：別冊**33**ページ

1 右の図で，
O$(0,\ 0)$，A$(3,\ 0)$，B$(5,\ 4)$
C$(0,\ 6)$，D$(-2,\ 3)$
です。五角形 OABCD を直線 $y=mx$ で2つの部分に分けて，四角形 OABP の面積を五角形 OABCDの面積の $\dfrac{1}{3}$ になるようにします。このときの m の値を求めなさい。　⏱10分

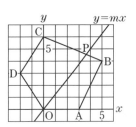

4 平面図形の問題

★基本の確認

	「これだけは」チェック！ **平面図形の性質**		
①平行線と角	平行線の**同位角・錯角**は等しい。 例 右の図で，$\ell /\!/ m$ 　➡ $\angle a = \angle c$，$\angle b = \angle c$		
②合同条件	三角形の合同条件 ①**3組の辺**　②**2組の辺とその間の角** ③**1組の辺とその両端の角**　がそれぞれ等しい。		
③平行四辺形	2組の対辺がそれぞれ平行な四角形。 性質 ①2組の対辺はそれぞれ等しい。 性質 ②2組の対角はそれぞれ等しい。 性質 ③対角線はそれぞれの中点で交わる。		
④円周の長さ 　と円の面積	半径 r の円の円周の長さを ℓ，面積を S，円周率を π とすると， 　　$\ell = 2\pi r$，$S = \pi r^2$		

▶次の ☐ にあてはまるものを入れなさい。　（解答は右下）

1 平面図形と角

① 右の図で，$\ell /\!/ m$ のとき，$\angle x = \boxed{}$°

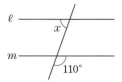

② 三角形の3つの内角の和は，$\boxed{}$°

③ n 角形の内角の和は，$\boxed{}$°$\times (n-2)$

④ 多角形の外角の和は，何角形でも $\boxed{}$°

⑤ 右の図で，$\angle x$ の大きさを求めると，
　　$\angle x = \boxed{}$°

いろいろな平面図形の性質や，三角形
の合同条件をしっかりつかもう。

❷三角形の合同

右の図の中で，合同条件「3組の辺
がそれぞれ等しい」ことから，
合同な三角形は □□□ と □□□。
合同条件「2組の辺とその間の角がそ
れぞれ等しい」ことから，
合同な三角形は □□□ と □□□。
合同条件「1組の辺とその両端の角がそれぞれ等しい」ことから，
合同な三角形は □□□ と □□□。

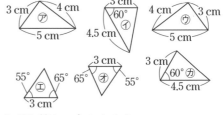

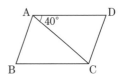

❸平行四辺形

右の図の平行四辺形 ABCD で，CA＝CB，∠DAC＝40°
です。このとき，∠ACB の大きさは，∠ACB＝□□°で，
∠BAC の大きさは，∠BAC＝□□°です。

❹円周の長さと円の面積

下の図で，①は円，②は半円です。周の長さと面積を求めなさい。ただし，円
周率は π とします。

①

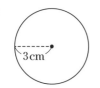

②

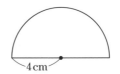

周の長さは □□□ cm
面積は □□□ cm²

周の長さは □□□ cm
面積は □□□ cm²

解答

❶① 70　② 180　③ 180　④ 360　⑤ 89　[コーチ 三角形の外角はそれと
なり合わない2つの内角の和に等しい]　❷(㋐, ㋒)，(㋑, ㋕)，(㋓, ㋔)
❸40，70　❹① 6π，9π　② 4π＋8，8π

★実戦解法テクニック

例題❶ 複雑な図形と角 → 1つの三角形に角を集める！

右の図で、∠x の大きさを求めなさい。

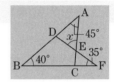

解法　△ADE に角を集めると、

△DBF の外角から、

$$∠ADE=40°+35°=75°$$

△ADE の内角の和から、

$$∠x+75°+45°=180°$$

したがって、∠$x=60°$ ←答

参考 別の解き方

△BDF に角を集めてもよい。

△ADE の外角から、∠BDF＝∠$x+45°$

△BDF で、∠$x+45°+40°+35°=180°$

例題❷ 合同と辺や角 → 辺や角を含む三角形に着目！

右の図で、点 O が線分 AB，CD それぞれの中点であるとき、∠A＝∠B であることを証明しなさい。

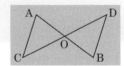

解法　（証明）△AOC と △BOD で、

仮定から、AO＝BO，CO＝DO

対頂角は等しいから、∠AOC＝∠BOD

したがって、**2組の辺とその間の角がそれぞれ等しいので、△AOC≡△BOD**

対応する角だから、∠A＝∠B

> どの三角形の合同をいうのかはっきりさせてから、証明を進めていこう。

例題❸ おうぎ形の弧の長さと面積 → 公式にあてはめよう！

右の図のような、半径が 3 cm、中心角が 60° のおうぎ形 OAB があります。弧 AB の長さは何 cm ですか。また、面積は何 cm² ですか。ただし、円周率は π とします。

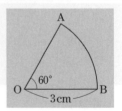

解法　弧 AB の長さは、

$$2π×3×\frac{60}{360}=π(cm)$$ ←答

面積は、$π×3^2×\frac{60}{360}=\frac{3}{2}π(cm^2)$ ←答

> 半径 r，中心角 $a°$ のおうぎ形の弧の長さを $ℓ$，面積を S とすると、
> $$ℓ=2πr×\frac{a}{360}, \quad S=πr^2×\frac{a}{360}$$

STEP **1** 基本の問題

答え：別冊**34**ページ

1 右の図のように，正方形 ACEG の各辺の中点をそれぞれ B，D，F，H とし，対角線の交点を O とするとき，次の問いに答えなさい。 🕐 6分

(1) △AOB を，HD を対称の軸として対称移動したとき，重なる三角形はどれですか。

(2) 🔴注意 △AOB を，点 O を中心として回転移動したとき，重ねられる三角形をすべて書きなさい。

2 「右の図のように，平行四辺形 ABCD があり，対角線 AC を 3 等分する点を E，F とするとき，∠ABE＝∠CDF になることを証明しなさい。」
上の問題について，次の問いに答えなさい。

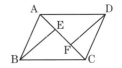

🕐 6分

(1) どの三角形と，どの三角形が合同であることを示せばよいですか。

(2) (1)のときの合同条件を書きなさい。

3 次の図のような，おうぎ形 OAB があります。弧 AB の長さは何 cm ですか。また，面積は何 cm² ですか。ただし，円周率は π とします。 🕐 5分

(1)

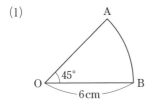

(2)

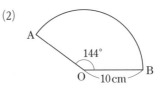

❷ 次 数理技能

S T E P 2 合格力をつける問題　答え：別冊**35**ページ

1 次の①〜⑨の図形について，下の問いに答えなさい。　⏰10分

①二等辺三角形　　　②直角三角形　　　③正三角形
④平行四辺形　　　　⑤ひし形　　　　　⑥長方形
⑦正方形　　　　　　⑧正五角形　　　　⑨円

(1) 線対称な図形をすべて選び番号で答えなさい。

(2) 線対称にも点対称にもなっている図形をすべて選び番号で答えなさい。

2 次の問いに答えなさい。　⏰5分

(1) 縮尺 $\dfrac{1}{5000}$ の地図があります。実際の距離 750 m はこの地図上では，何 cm で表されますか。

(2) 実際の距離 1 km を 4 cm に縮めて表した地図があります。この地図上で，学校から図書館までの長さは 18 cm です。学校から図書館までの実際の距離は何 km ですか。

3 右の図の △ABC で，頂点 A から辺 BC へひいた垂線と，∠B の二等分線との交点 P を，作図によって求めなさい。　⏰8分

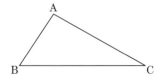

4 右の図のように，正方形 ABCD の内部に辺 BC を 1 辺とする正三角形 PBC をかきます。これについて，次の問いに答えなさい。　⏰10分

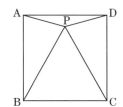

(1) ∠ABP は何度ですか。

(2) △ABP と合同な三角形はどれですか。

(3) △APD は二等辺三角形になります。その理由をくわしく説明しなさい。ただし，三角形の合同の性質を用いる場合，合同であることを証明する必要はありません。

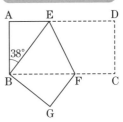

5 　右の図のように，長方形 ABCD の紙を頂点 D が頂点 B と重なり合うように，線分 EF を折り目として折り，折ったあとの点 C の位置を G とします。

　　∠ABE＝38°のとき，次の問いに答えなさい。

(1)　∠DEF の大きさは何度ですか。

(2)　∠BFG の大きさは何度ですか。

6 　右の図のように，半径 8 cm，中心角 90°のおうぎ形 OAB の内部に半径 4 cm，中心角 90°のおうぎ形 OCD があります。次の問いに答えなさい。ただし，円周率は π とします。

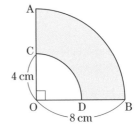

(1)　色をぬった部分の周の長さは何 cm ですか。

(2)　色をぬった部分の面積は何 cm² ですか。

STEP **3** ゆとりで合格の問題　　答え：別冊**36**ページ

1 　右の図のように，線分 AB 上に点 C があり，線分 AC を 1 辺とする正三角形 DAC と線分 CB を 1 辺とする正三角形 ECB をつくります。点 A と E，点 D と B をそれぞれ結びます。このとき，△ACE≡△DCB であることを証明しなさい。

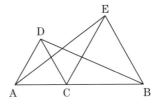

❷
次

数理技能

5 空間図形の問題

★基本の確認

「これだけは」チェック！ **空間図形の基本**

①位置関係	空間内の2直線の位置関係

同じ平面上にある｜同じ平面上にない

▶交わる　　▶平行である　　▶ねじれの位置にある

交わらない

②正多面体	どの面もみな合同な正多角形で，どの頂点にも同じ数だけの面が集まっていて，へこみのない多面体。**正四面体，正六面体，正八面体，正十二面体，正二十面体**の5種類がある。
③投影図	**平面図**（上から見た図）と**立面図**（正面から見た図）を組み合わせて立体を表した図。

▶次の □ にあてはまるものを入れなさい。　（解答は右下）

❶位置関係

① 直線 AB が，B を通る平面 P 上の2直線と垂直ならば，直線 AB と平面 P は □ です。

② 2平面の位置関係には，交わる場合と □ 場合があります。2平面のつくる角が □ °のとき，2平面は垂直であるといいます。

③ 空間内に異なる3つの直線 l，m，n があって，$l /\!/ m$，$m /\!/ n$ のとき，l と n の間の関係を記号を使って表すと，□ です。

POINT ココが ポイント

見取図をかいたりして，立体の構造を
イメージしながら考えてみよう。

学習日
月 日

②
次

数理技能

❷ 展開図・多面体

① 下の図の⑦〜⑦の正多面体のうち，正六面体は □□□ で，正二十面体は
□□□ です。それぞれ記号で答えなさい。

⑦ ⑦ ⑦ ⑦ ⑦

② 右の図は，ある立体の展開図で，どの三角形も正三角
形です。この展開図を組み立てたとき，できる立体は
□□□ です。

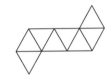

❸ 投影図

① 平面図も立面図も円である立体は □□□ です。

② 右の投影図で，平面図の図形が □□□ で，立面図の図形が
□□□ だから，この立体は □□□ です。

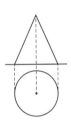

❹ 立体の体積

① 下の四角柱の体積は □□□ cm³

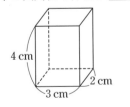

4 cm
3 cm
2 cm

② 下の三角柱の体積は □□□ cm³

3 cm
6 cm
5 cm

基本の確認
解答

❶①垂直 ②交わらない(平行の)，90 ③ℓ∥n ❷①⑦，⑦
②正八面体 ❸①球 ②円，三角形(二等辺三角形)，円錐
❹① 24 ② 45

★実戦解法テクニック

例題❶ ねじれの位置の辺→**交わる辺と平行な辺を除く！**

右の三角柱で，BE とねじれの位置にある辺はどれですか。

解法 **交わらず，平行でない 2 つの辺がねじれの位置**にある。

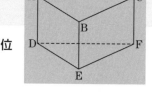

・BE と交わる辺 ⇨ AB, BC, DE, EF
・BE と平行な辺 ⇨ AD, CF
残りの辺が BE とねじれの位置にある辺だから，

辺 AC, DF ◀答

確認 交わる辺，平行な辺に印をつけるとよい。

例題❷ 角錐・円錐の体積→$\dfrac{1}{3}$ **をかけることを忘れずに！**

右の図の①正四角錐，②円錐の体積は何 cm³ ですか。ただし，円周率は π とします。

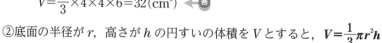

解法 ①底面積が S，高さが h の角錐の体積を V とすると，$V=\dfrac{1}{3}Sh$

⇩

$V=\dfrac{1}{3}\times4\times4\times6=32(\text{cm}^3)$ ◀答

②底面の半径が r，高さが h の円すいの体積を V とすると，$V=\dfrac{1}{3}\pi r^2 h$

⇩

$V=\dfrac{1}{3}\pi\times3^2\times7=21\pi(\text{cm}^3)$ ◀答

例題❸ 回転体の問題→**回転体の基本は円柱と円錐！**

右の直角三角形を，直線 ℓ を回転の軸として1回転させるとどのような立体ができますか。

解法 直角三角形を，1回転させると，右のような円錐ができる。

回転の軸→
母線

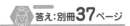

基本の問題

答え：別冊**37**ページ

1 右の図の直方体 ABCD−EFGH について，次の
問いに答えなさい。 **5分**

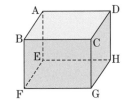

(1) 辺 AB とねじれの位置にある辺をすべて答えなさ
い。

(2) 辺 AB と平行な面をすべて答えなさい。

(3) 面 BFGC に平行な面を答えなさい。

2 右の図は，底面が直角三角形の三角柱です。これに
ついて，次の問いに答えなさい。 **5分**

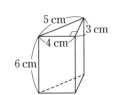

(1) この三角柱の表面積を求めなさい。

(2) この三角柱の体積を求めなさい。

3 右の図の円柱について，次の問いに答えなさい。ただし，
円周率は π とします。 **5分**

(1) この円柱の表面積を求めなさい。

(2) この円柱の体積を求めなさい。

4 次の正四角錐と円錐の体積を求めなさい。ただし，円周率は π とします。

5分

(1)

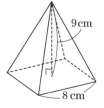

(2)

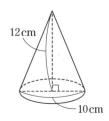

合格力をつける問題

答え：別冊**38**ページ

1　次の投影図は，それぞれ何という立体ですか。

(1) 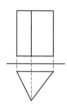　　(2) 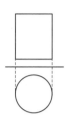　　(3) 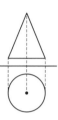　　(4)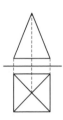

2　右の図は，ある立体の展開図であり，6
つの長方形からできています。このとき，
次の問いに答えなさい。　🕐 4分

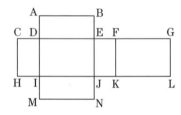

(1)　この展開図を組み立てると，どんな立体
になりますか。

(2)　この展開図を組み立てたとき，辺 AB と垂直になる面をすべて書きなさい。

3　右のような図形を，直線 ℓ を回転の軸として 1 回転させ
ます。できる立体の体積を求めなさい。ただし，円周率は
π とします。　🕐 5分

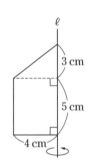

4　右の投影図で表されるような，底面が正方形の多
面体があります。この多面体の体積を求めなさい。
ただし，この図では，立体のかげになって見えない
辺を表す点線はありません。　🕐 5分

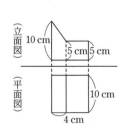

5 右の展開図を組み立てた正十二面体について，次
の問いに答えなさい。 ⏰ 10分

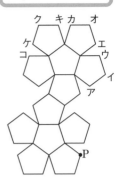

(1) 組み立てたとき，頂点Pと一致する点はどれで
すか。

(2) 組み立てた正十二面体の辺の数はいくつあり
ますか。

(3) 組み立てた正十二面体の頂点の数はいくつありますか。

6 右の図の円錐について，次の問いに答えなさい。
⏰ 6分

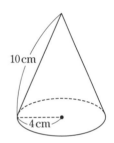

(1) この円錐の展開図について，側面になるおうぎ形の
中心角は何度ですか。

(2) この円錐の表面積を求めなさい。

STEP 3 ゆとりで合格の問題 🐢 答え：別冊**39**ページ

1 母線の長さが 13 cm の円錐があります。これを
図のように，側面が平面上をすべらないように転が
したとき，ちょうどもとの位置にもどるまでに，円

錐は $2\frac{3}{5}$ 回転しました。このとき，次の問いに答えなさい。 ⏰ 6分

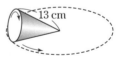

(1) 円錐の底面の半径を求めなさい。

(2) 円錐の表面積を求めなさい。

6 データの活用, 確率の問題

★基本の確認

『これだけは』チェック! **データの活用, 確率**

①度数分布表 データをいくつかの階級に分け, 階級ごとにその度数を示した表を**度数分布表**という。

体重(kg)	人数
以上　未満	
35～40	3
40～45	8
45～50	5
50～55	4
計	20

→階級

●**階級の幅**➡区間の大きさ
●**階級値**➡階級の中央の値
(35 kg 以上 40 kg 未満の階級値は, 37.5 kg)

→度数

②相対度数 **相対度数＝ある階級の度数÷度数の合計**
▶上の度数分布表で, 40 kg 以上 45 kg 未満の階級の相対度数は, 8÷20＝0.4

③累積度数 最初の階級から, その階級までの度数を合計した値。
▶上の度数分布表で, 45 kg 以上 50 kg 未満の階級までの累積度数は, 3＋8＋5＝16(人)

④確　率 起こりうるすべての場合が n 通りあり, そのうち, ことがら A が起こる場合が a 通りあるとき,

ことがら A の起こる確率 p ⇨ $p=\dfrac{a}{n}$

▶次の □ にあてはまるものを入れなさい。　（解答は右下）

①度数分布表

① 上の度数分布表で, 階級の幅は □ kg

② 上の度数分布表で, 50 kg 以上 55 kg 未満の階級の度数は □ 人。

③ 上の度数分布表で, 45 kg 以上 50 kg 未満の階級の階級値は □ kg

場合の数を求めるときは，樹形図や表をかいて，数えわすれや重複を防ごう！

学習日

月　日

❷相対度数

① 　右の度数分布表で，㋐にあてはまる数は，
　　□□

② 　右の度数分布表で，㋑にあてはまる数は，
　　□□

体重(kg)	人数	相対度数
以上　未満		
35～40	2	
40～45	5	
45～50	10	㋐
50～55	16	
55～60	7	
計	40	㋑

❸累積度数

① 　上の度数分布表で，45 kg 以上 50 kg 未満の階級までの累積度数は，

　　2+□□+□□=□□(人)

② 　上の度数分布表で，50 kg 以上 55 kg 未満の階級までの累積度数は，□□(人)

❹確　率

① 　右のような3枚のカードがあります。このカードのうち，2枚を並べてできる2けたの整数は，下の図から□□通りできます。

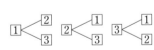

② 　①の問題の2けたの整数のうち，偶数になる確率は，

　　□□

基本の確認

解答

❶①5　②4　③47.5　❷①0.25　②1(または1.00)　[コーチ 相対度数の合計は1になる。]　❸①5, 10, 17　②33　[コーチ 45 kg 以上 50 kg 未満の階級の累積度数に 50 kg 以上 55 kg 未満の階級の度数をたして，17+16=33(人)]　❹①6　②$\frac{1}{3}$

❷
次
数理技能

★実戦解法テクニック

例題① 度数分布表の問題→「以上」，「未満」に注意して整理！

下の資料は，あるクラスの男子 20 人の体重(単位は kg)です。階級の幅を 5 kg として，度数分布表を作りなさい。

40.3 53.1 45.0 52.6 39.5 47.8 42.6 51.5 48.5 46.2
54.4 40.5 56.2 45.3 50.3 48.5 48.0 57.0 53.0 44.1

解法　もっとも重い人は 57.0 kg，もっとも軽い人は 39.5 kg だから，35 kg～60 kg の範囲を 5 kg の幅で分け，「以上」，「未満」に注意して，各階級の度数を求める。

答→ 右の表

"正" の字を使って数えていく。数えた資料には線をひき消しておく。

体重(kg)	人数
以上　未満	
35～40	1
40～45	4
45～50	7
50～55	6
55～60	2
計	20

例題② 相対度数の問題→和が 1 になることを確認しよう！

上の度数分布表に相対度数の欄を作り，完成させなさい。

解法　次の相対度数を求める式にあてはめる。

相対度数＝ある階級の度数÷度数の合計

35 kg 以上 40 kg 未満の階級では，$1 \div 20 = 0.05$

40 kg 以上 45 kg 未満の階級では，$4 \div 20 = 0.20$

他の階級も同様に計算する。

答→ 右の表

体重(kg)	人数	相対度数
以上　未満		
35～40	1	0.05
40～45	4	0.20
45～50	7	0.35
50～55	6	0.30
55～60	2	0.10
計	20	1.00

例題③ 色玉の確率の問題→それぞれの玉に番号をつけて調べる！

赤玉が 3 個，白玉が 2 個はいっている袋の中から，同時に 2 個の玉を取り出すとき，2 個とも赤玉になる確率を求めなさい。

解法　赤玉を①，②，③，白玉を④，⑤として，取り出し方を樹形図に表すと，右の図のようになる。すべての場合は 10 通りあり，2 個とも赤玉になる場合は，①－②，①－③，②－③の 3 通りある。

したがって，求める確率は，$\dfrac{3}{10}$ **←答**

図解
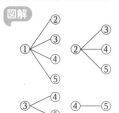

基本の問題

STEP 1

答え：別冊**40**ページ

1 A, B, C, D, Eの5人の身長を測定した結果は下の表のようになりました。5人の身長の平均を求めなさい。　⏱5分

人	A	B	C	D	E
身長(cm)	162.5	159.3	154.2	163.1	167.4

2 右の表は，40人の男子生徒のハンドボールの記録について調べ，度数分布表に整理したものです。次の問いに答えなさい。　⏱5分

ハンドボール投げの記録

階級(m)	度数(人)
以上　未満	
10 ～ 15	6
15 ～ 20	10
20 ～ 25	12
25 ～ 30	8
30 ～ 35	4
計	40

(1) 度数が最も大きい階級の階級値を求めなさい。

(2) 25 m 未満の生徒は全体の何％ですか。

(3) 15 m 以上 20 m 未満の階級の相対度数を求めなさい。

(4) 25 m 以上 30 m 未満の階級までの累積度数を求めなさい。

3 右の図のA, B, Cの部分を，赤，青，黄，緑の4色から3色を選んでぬります。次の問いに答えなさい。　⏱5分

(1) Aの部分を赤でぬるとき，ぬり方は何通りありますか。

(2) ぬり方は全部で何通りありますか。

4 袋の中に，赤玉が2個，白玉が4個入っています。この袋の中から同時に2個の玉を取り出すとき，次の問いに答えなさい。　⏱5分

(1) 玉の取り出し方は全部で何通りありますか。

(2) 2個とも同じ色の玉である確率を求めなさい。

合格力をつける問題　答え:別冊**40**ページ

1 あるクラスの男子生徒22人，女子生徒18人の身長の平均は，それぞれ
160.0 cm，156.0 cm でした。このクラスの生徒40人の身長の平均を求めな
さい。　⏱ 3分

2 右のドットプロットは，あるク
ラスの生徒25人の漢字テストの
得点をまとめたものです。次の問
いに答えなさい。　⏱ 10分

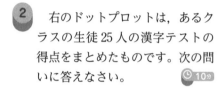

(1) 平均点は何点ですか。

(2) 最頻値(モード)は何点ですか。

(3) 中央値(メジアン)は何点ですか。

3 右の表は，ある中学校の生徒50人の通学時間につ
いて調べ，度数分布表に整理したものです。次の問い
に答えなさい。　⏱ 10分

(1) x の値を求めなさい。

(2) 10分以上15分未満の階級の相対度数を求めなさい。

(3) 20分以上25分未満の階級までの累積度数を求めな
さい。

階級(分)	度数(人)
以上　未満	
5 ～ 10	4
10 ～ 15	x
15 ～ 20	15
20 ～ 25	12
25 ～ 30	7
30 ～ 35	3
計	50

(4) 20分以上25分未満の階級までの累積相対度数を求めなさい。

4 右の図は，中学2
年生の数学のテスト
の得点を箱ひげ図に
表したものです。次
の問いに答えなさい。

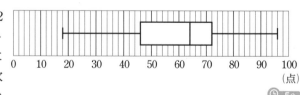

⏱ 5分

(1) 範囲を求めなさい。　　　(2) 四分位範囲を求めなさい。

5　5本のうちあたりくじが2本入っているくじがあります。このくじをA, Bの2人が, この順でひくとき, 少なくとも1人があたりくじをひく確率を求めなさい。ただし, ひいたくじは, もとにもどさないものとします。 ⏱10分

6　箱の中に, ①, ②, ③, ④の4枚のカードが入っています。この箱の中から, カードを3枚続けて取り出し, 取り出した順に左から並べて3けたの整数をつくるとき, 次の問いに答えなさい。 ⏱10分

(1)　3けたの整数は全部で何通りできますか。

(2)　一の位が1である確率を求めなさい。

(3)　3けたの整数が230以上である確率を求めなさい。

ゆとりで合格の問題 答え:別冊42ページ

1　下の表は, ある中学校2年女子40人の体重の度数分布表です。表中のx, yの値を求めなさい。 ⏱12分

体重(kg)	階級値(kg)	度数(人)	階級値 × 度数
以上　未満			
30.0～34.0	32.0	1	32.0
34.0～38.0	36.0	3	108.0
38.0～42.0	40.0	x	☐
42.0～46.0	44.0	12	528.0
46.0～50.0	48.0	10	480.0
50.0～54.0	52.0	y	☐
54.0～58.0	56.0	2	112.0
58.0～62.0	60.0	1	60.0
計		40	1820.0

7 思考力を必要とする問題

★基本の確認

『これだけは』チェック！	倍数と規則性の見つけ方
①倍　数	整数 a が整数 b でわり切れるとき，a を b の倍数という。 ・2の倍数 ⇨ 一の位の数字が 0, 2, 4, 6, 8 の整数。 ・3の倍数 ⇨ 各位の数字の和が3でわり切れる整数。 ・5の倍数 ⇨ 一の位の数字が0か5の整数。 ・9の倍数 ⇨ 各位の数字の和が9でわり切れる整数。
②数の規則性	数の並び方に，一定のきまりを見つける。 例　1, 3, 5, 7, …… ⇨ 奇数が並んでいる。 例　2, 4, 6, 8, …… ⇨ 偶数が並んでいる。
③図形の規則性	図形の増え方に，一定の規則性を見つける。 例 　　1番目　　　2番目　　　　3番目 　上の図で●の数は，3個，6個，9個，…と3個ずつ増えているから，n 番目の図形の●の数は，$3n$ 個と推測することができる。

▶次の ☐ にあてはまるものを入れなさい。　（解答は右下）

①倍　数

①　298は一の位の数字が8だから，☐ の倍数です。

②　87の各位の数字の和は，$8+7=$☐ で，これは3でわり切れるから，87は ☐ の倍数です。

③　144の各位の数字の和は，$1+4+4=9$ で，これは ☐ でわり切れるから，144は9の倍数です。

数の並び方や図形の増え方に規則性を見つけ，推測する力をつけよう！

❷ 数の規則性

数の並び方のきまりを見つけよう！

① 11, 13, 15, ☐, 19, 21, ……

② 102, 104, 106, ☐, 110, ……

③ 5, 10, 15, 20, 25, ☐, 35, ……

④ 1, 4, 9, 16, 25, ☐, 49, ……

⑤ 1, 2, 4, 7, 11, ☐, 22, ……

❸ 図形の規則性

下の図のように，●を正三角形の形に並べていきます。

1番目　　2番目　　3番目　　4番目

① 5番目の図形の●の数は，☐個です。

② 20番目の図形の●の数は，☐個です。

解答

❶① 2　② 15, 3　③ 9　❷① 17　② 108　③ 30　④ 36　⑤ 16
[コーチ ④ $1=1^2$, $4=2^2$, $9=3^2$, …　⑤ 1, 2, 3, …ずつ増えている]
❸① 15　② 60 [コーチ n 番目の●の数は $3n$ 個]

★実戦解法テクニック

例題❶ 碁石と規則性の問題→色の変わり目に着目！

下の図のように，白い碁石と黒い碁石を規則正しく並べました。左から17番目の碁石は何色ですか。　〇●●〇〇〇●●●〇〇●●〇〇…

解法　次のように，黒→白と変わるところで区切り，グループに分ける。

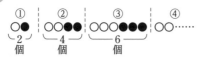

碁石の個数は，2，4，6，…と偶数の並びになっているから，グループ④に含まれる碁石は8個と考えられる。グループ③までに含まれる碁石の数は，2＋4＋6＝12（個），グループ④までは，12＋8＝20（個）だから，17番目はグループ④に含まれる。グループ④の前半4個は白，後半は黒だから，右の図より，
17番目の碁石は，黒 ◀答

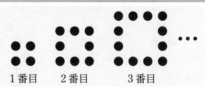

例題❷ 図形の規則性の問題→増え方のきまりを見つける！

右の図のように，黒い碁石を正方形の形に並べていきます。

n番目の図形の碁石の数をnを使って表しなさい。また，15番目の図形の碁石の数を求めなさい。

1番目　2番目　3番目

解法　右の図のように，n番目の正方形の1辺には$(n+1)$個の碁石が並んでいる。

$(n+1)$個

n番目

つまり，n番目の図形の碁石の数は，◯◯◯で囲んだn個の碁石の4つ分と考えられる。

よって，n番目の図形の碁石の数は，
　$n \times 4 = 4n$（個）◀答
また，15番目の図形の碁石の数は，$4n$に$n＝15$を代入して，
　$4 \times 15 = 60$（個）◀答

基本の問題

答え：別冊**42**ページ

1 　右の図の㋐，㋑，㋒に 4，5，6 の数字を 1 つ
ずつ入れ，1 つの円の中の数をたすと，すべて
同じ数になるようにします。このとき，次の問
いに答えなさい。　⏰5分

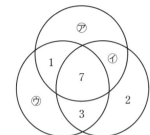

(1)　㋑に入る数字は何ですか。

(2)　1 つの円に入る数の合計はいくつですか。

2 　右の図のように，白
い碁石と黒い碁石を規
則正しく 55 個並べました。次の問いに答えなさい。　⏰5分

(1)　左から 20 番目の碁石は何色ですか。

(2)　白い碁石は，全部で何個ありますか。

3 　下の図のように，白色と黒色の正方形のタイルをすき間なく交互に並べ，
大きな正方形を作ります。次の問いに答えなさい。　⏰5分

  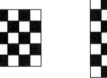

1 番目　　2 番目　　　3 番目　　　　　　4 番目

(1)　6 番目の図形の白色と黒色のタイルはそれぞれ何枚ですか。

(2)　黒色のタイルが 112 枚になるのは，何番目の図形ですか。

合格力をつける問題

答え：別冊**43**ページ

1 　右の図のように，正の整数が１つずつ書かれた
カードを，１段目には1，2段目には2，3，3段目
には，4，5，6と順に並べていきます。次の問い
に答えなさい。 ⏰**5分**

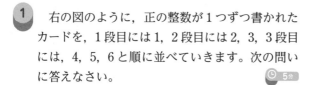

(1) 上から７段目の右端のカードの数はいくつですか。

(2) 50が書かれたカードは，何段目の左から何番目にありますか。

2 　下の図のように，黒い石を正三角形の形に並べ，そのまわりに白い石を並べます。次の問いに答えなさい。

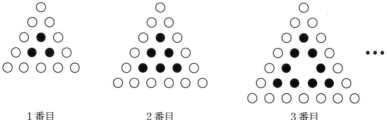

1番目　　　　　　2番目　　　　　　3番目

(1) 10番目の図形に並ぶ黒い石と白い石の合計は何個ですか。

(2) 白い石が120個並ぶ図形では，黒い石は何個並びますか。

3 　下の図のように，マッチ棒を規則正しく並べました。次の問いに答えなさい。 ⏰**5分**

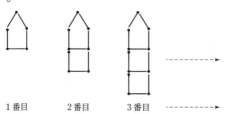

1番目　　2番目　　3番目

(1) 1番目，2番目，3番目のマッチ棒の本数は，それぞれ何本ですか。

(2) 10番目の図では，マッチ棒の本数は，何本になりますか。

4 次の対話文を読んで，下の問いに答えなさい。

ゆか子さんが，りえさんにクイズを出しています。

ゆか子：1 から 20 までの整数の中から，数を 1 つ決めてください。その数
　　　　がいくつかあてますので，私の言うとおりにしてください。

りえ：はい，数を決めました。

ゆか子：その数を 3 倍して，15 をたしてください。

りえ：はい

ゆか子：次に，その答えを 3 でわってください。

りえ：はい

ゆか子：3 でわった答えはいくつになりましたか。

りえ：17 です。①

ゆか子：はじめに，あなたが決めた数は ☐ ですね。

(1) ☐ にあてはまる数を求めなさい。

CHALLENGE (2) ①のところで，りえさんが「n です」(ただし，n は整数とします)と答え
たとき，☐ はどのようになりますか。n を使ったもっとも簡単な式で
答えなさい。

 5 下の図で，ひもの両端 A，B をゆっくり引っぱると，ほどけるのはどれで
すか。図の番号ですべて答えなさい。　⏱ 5分

図1　　　　　図2　　　　　図3　　　　　図4

   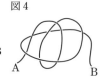

答え：別冊**44**ページ

1 白い碁石と黒い碁石を，下の図のように①，②，③，④，…と規則正しく
並べました。次の問いに答えなさい。　⏱ 10分

(1) ⑥のところには，白い碁石は何個ありますか。

(2) ①〜⑩までの白い碁石は，全部で何個ありますか。

◆監修者紹介◆

公益財団法人 日本数学検定協会

　公益財団法人日本数学検定協会は，全国レベルの実力・絶対評価システムである実用数学技能検定を実施する団体です。

　第1回を実施した1992年には5,500人だった受検者数は2006年以降は年間30万人を超え，数学検定を実施する学校や教育機関も18,000団体を突破しました。

　数学検定2級以上を取得すると文部科学省が実施する「高等学校卒業程度認定試験」の「数学」科目が試験免除されます。このほか，大学入学試験での優遇措置や高等学校等の単位認定等に組み入れる学校が増加しています。また，日本国内はもちろん，フィリピン，カンボジア，タイなどでも実施され，海外でも高い評価を得ています。

　いまや数学検定は，数学・算数に関する検定のスタンダードとして，進学・就職に必須の検定となっています。

◆カバーデザイン：星 光信（Xin-Design）
◆本文デザイン：タムラ マサキ
◆本文キャラクター：une corn ウネハラ ユウジ
◆編集協力：(有) アズ
◆ DTP：(株) 明昌堂
　　　　データ管理コード：24-2031-1787（2022）

この本は，下記のように環境に配慮して製作しました。
・製版フィルムを使用しないCTP方式で印刷しました。
・環境に配慮した紙を使用しています。

読者アンケートのお願い

本書に関するアンケートにご協力ください。下のコードかURLからアクセスし、以下のアンケート番号を入力してご回答ください。当事業部に届いたものの中から抽選で、「図書カードネットギフト」を贈呈いたします。

URL：https://ieben.gakken.jp/qr/suuken/
アンケート番号：305736

受かる！数学検定

④級 解答と解説

くわしい解説つきで，
解き方がよくわかります。

「ミス注意」の問題には
「ミス対策」があり，
注意点がよくわかります。

① 数の計算①

問題：13ページ

STEP 1 基本の問題

1 解答 (1) 3.6　(2) 2.96　(3) 9
(4) 60

解説

(1)
$$\begin{array}{r} 1.2 \\ \times\ \ 3 \\ \hline 3.6 \end{array}$$

(2)
$$\begin{array}{r} 3.7 \\ \times\ 0.8 \\ \hline 2.9\ 6 \end{array}$$

(3)
$$0.4\overline{)3.6}\ \ \begin{array}{r} 9 \\ \hline 3\ 6 \\ \hline 0 \end{array}$$

(4)
$$0.9\overline{)5\ 4.0}\ \ \begin{array}{r} 6\ 0 \\ \hline 5\ 4 \\ \hline 0 \end{array}$$

2 解答 (1) $\dfrac{11}{15}$　(2) $1\dfrac{7}{12}$　(3) $\dfrac{1}{2}$
(4) $1\dfrac{19}{24}$　(5) $\dfrac{11}{12}$　(6) $\dfrac{5}{24}$

※本書では，答えは仮分数でも正解とする。

解説

分母の異なる分数の加法・減法は，
通分して計算する。

(1) $\dfrac{2}{5}+\dfrac{1}{3}=\dfrac{6}{15}+\dfrac{5}{15}=\dfrac{11}{15}$

(2) $1\dfrac{1}{3}+\dfrac{1}{4}=1\dfrac{4}{12}+\dfrac{3}{12}=1\dfrac{7}{12}$

(3) $\dfrac{4}{5}-\dfrac{3}{10}=\dfrac{8}{10}-\dfrac{3}{10}=\dfrac{5}{10}=\dfrac{1}{2}$

(4) $2\dfrac{5}{8}-\dfrac{5}{6}=2\dfrac{15}{24}-\dfrac{20}{24}=1\dfrac{39}{24}-\dfrac{20}{24}$
$=1\dfrac{19}{24}$

(5) $\dfrac{2}{3}-\dfrac{1}{2}+\dfrac{3}{4}=\dfrac{8}{12}-\dfrac{6}{12}+\dfrac{9}{12}=\dfrac{11}{12}$

(6) $2\dfrac{1}{4}-\dfrac{7}{8}-1\dfrac{1}{6}=2\dfrac{6}{24}-\dfrac{21}{24}-1\dfrac{4}{24}$
$=1\dfrac{30}{24}-\dfrac{21}{24}-1\dfrac{4}{24}=\dfrac{5}{24}$

3 解答 (1) $\dfrac{2}{3}$　(2) $\dfrac{2}{9}$　(3) $\dfrac{2}{15}$　(4) $\dfrac{2}{3}$
(5) $\dfrac{3}{2}$　(6) $\dfrac{3}{4}$

解説

約分できるときは，計算のとちゅう
で約分する。

(1) $\dfrac{3}{4}\times\dfrac{8}{9}=\dfrac{\overset{1}{\cancel{3}}\times\overset{2}{\cancel{8}}}{\underset{1}{\cancel{4}}\times\underset{3}{\cancel{9}}}=\dfrac{2}{3}$

(2) $\dfrac{5}{6}\times\dfrac{4}{15}=\dfrac{\overset{1}{\cancel{5}}\times\overset{2}{\cancel{4}}}{\underset{3}{\cancel{6}}\times\underset{3}{\cancel{15}}}=\dfrac{2}{9}$

(3) $\dfrac{7}{20}\times\dfrac{8}{21}=\dfrac{\overset{1}{\cancel{7}}\times\overset{2}{\cancel{8}}}{\underset{5}{\cancel{20}}\times\underset{3}{\cancel{21}}}=\dfrac{2}{15}$

わる数を逆数にして，乗法だけの式
にして計算する。

(4) $\dfrac{4}{9}\div\dfrac{2}{3}=\dfrac{4}{9}\times\dfrac{3}{2}=\dfrac{\overset{2}{\cancel{4}}\times\overset{1}{\cancel{3}}}{\underset{3}{\cancel{9}}\times\underset{1}{\cancel{2}}}=\dfrac{2}{3}$

(5) $\dfrac{9}{16}\div\dfrac{3}{8}=\dfrac{9}{16}\times\dfrac{8}{3}=\dfrac{\overset{3}{\cancel{9}}\times\overset{1}{\cancel{8}}}{\underset{2}{\cancel{16}}\times\underset{1}{\cancel{3}}}=\dfrac{3}{2}$

(6) $\dfrac{5}{18}\div\dfrac{10}{27}=\dfrac{5}{18}\times\dfrac{27}{10}=\dfrac{\overset{1}{\cancel{5}}\times\overset{3}{\cancel{27}}}{\underset{2}{\cancel{18}}\times\underset{2}{\cancel{10}}}=\dfrac{3}{4}$

STEP 2 合格力をつける問題

1 解答 (1) $\dfrac{10}{63}$　(2) $\dfrac{4}{3}$　(3) 4　(4) $\dfrac{2}{3}$
(5) $\dfrac{25}{21}$　(6) $\dfrac{4}{9}$　(7) $\dfrac{3}{4}$　(8) 10

帯分数は仮分数に，小数は分数に直して計算する。

(1) $\dfrac{14}{27}\times\dfrac{15}{49}=\dfrac{\overset{2}{14}\times\overset{5}{15}}{\underset{9}{27}\times\underset{7}{49}}=\dfrac{10}{63}$

(2) $1\dfrac{5}{9}\times\dfrac{6}{7}=\dfrac{14}{9}\times\dfrac{6}{7}=\dfrac{\overset{2}{14}\times\overset{2}{6}}{\underset{3}{9}\times\underset{1}{7}}=\dfrac{4}{3}$

(3) $2\dfrac{4}{5}\times1\dfrac{3}{7}=\dfrac{14}{5}\times\dfrac{10}{7}=\dfrac{\overset{2}{14}\times\overset{2}{10}}{\underset{1}{5}\times\underset{1}{7}}=4$

(4) $2.5\times\dfrac{4}{15}=\dfrac{25}{10}\times\dfrac{4}{15}=\dfrac{\overset{5}{25}\times\overset{2}{4}}{\underset{5}{10}\times\underset{1}{15}}=\dfrac{2}{3}$

(5) $\dfrac{55}{56}\div\dfrac{33}{40}=\dfrac{55}{56}\times\dfrac{40}{33}=\dfrac{\overset{5}{55}\times\overset{5}{40}}{\underset{7}{56}\times\underset{3}{33}}=\dfrac{25}{21}$

(6) $\dfrac{20}{21}\div2\dfrac{1}{7}=\dfrac{20}{21}\div\dfrac{15}{7}=\dfrac{20}{21}\times\dfrac{7}{15}$

$=\dfrac{\overset{4}{20}\times\overset{1}{7}}{\underset{3}{21}\times\underset{3}{15}}=\dfrac{4}{9}$

(7) $3\dfrac{3}{8}\div4\dfrac{1}{2}=\dfrac{27}{8}\div\dfrac{9}{2}=\dfrac{27}{8}\times\dfrac{2}{9}$

$=\dfrac{\overset{3}{27}\times\overset{1}{2}}{\underset{4}{8}\times\underset{1}{9}}=\dfrac{3}{4}$

(8) $3.6\div\dfrac{9}{25}=\dfrac{36}{10}\div\dfrac{9}{25}=\dfrac{36}{10}\times\dfrac{25}{9}$

$=\dfrac{\overset{4}{36}\times\overset{5}{25}}{\underset{2}{10}\times\underset{1}{9}}=10$

2 解答 (1)$\dfrac{1}{6}$ (2)$\dfrac{2}{3}$ (3)$\dfrac{1}{20}$ (4)2

(5)$\dfrac{3}{2}$ (6)$\dfrac{4}{5}$ (7)$\dfrac{3}{16}$ (8)$\dfrac{2}{9}$ (9)5

(10)2

(1) $\dfrac{4}{7}\times\dfrac{3}{8}\times\dfrac{7}{9}=\dfrac{\overset{1}{4}\times\overset{1}{3}\times\overset{1}{7}}{\underset{1}{7}\times\underset{2}{8}\times\underset{3}{9}}=\dfrac{1}{6}$

(2) $\dfrac{5}{9}\times\dfrac{3}{4}\div\dfrac{5}{8}=\dfrac{5}{9}\times\dfrac{3}{4}\times\dfrac{8}{5}$

$=\dfrac{\overset{1}{5}\times\overset{1}{3}\times\overset{2}{8}}{\underset{3}{9}\times\underset{1}{4}\times\underset{1}{5}}=\dfrac{2}{3}$

(3) $\dfrac{7}{8}\div14\times\dfrac{4}{5}=\dfrac{7}{8}\times\dfrac{1}{14}\times\dfrac{4}{5}$

$=\dfrac{\overset{1}{7}\times1\times\overset{1}{4}}{\underset{2}{8}\times\underset{2}{14}\times5}=\dfrac{1}{20}$

(4) $2\dfrac{1}{3}\times\dfrac{4}{7}\div\dfrac{2}{3}=\dfrac{7}{3}\times\dfrac{4}{7}\times\dfrac{3}{2}$

$=\dfrac{\overset{1}{7}\times\overset{2}{4}\times\overset{1}{3}}{\underset{1}{3}\times\underset{1}{7}\times\underset{1}{2}}=2$

(5) $1\dfrac{4}{5}\div1\dfrac{1}{2}\div\dfrac{4}{5}=\dfrac{9}{5}\div\dfrac{3}{2}\div\dfrac{4}{5}$

$=\dfrac{9}{5}\times\dfrac{2}{3}\times\dfrac{5}{4}=\dfrac{\overset{3}{9}\times\overset{1}{2}\times\overset{1}{5}}{\underset{1}{5}\times\underset{1}{3}\times\underset{2}{4}}=\dfrac{3}{2}$

(6) $1\dfrac{7}{9}\div5\dfrac{5}{6}\times2\dfrac{5}{8}=\dfrac{16}{9}\div\dfrac{35}{6}\times\dfrac{21}{8}$

$=\dfrac{16}{9}\times\dfrac{6}{35}\times\dfrac{21}{8}=\dfrac{\overset{2}{16}\times\overset{2}{6}\times\overset{3.1}{21}}{\underset{3.1}{9}\times\underset{5}{35}\times\underset{1}{8}}=\dfrac{4}{5}$

(7) $\dfrac{6}{5}\times\dfrac{3}{8}\div2.4=\dfrac{6}{5}\times\dfrac{3}{8}\div\dfrac{24}{10}$

$=\dfrac{6}{5}\times\dfrac{3}{8}\times\dfrac{10}{24}=\dfrac{\overset{3}{6}\times\overset{1}{3}\times\overset{2.1}{10}}{\underset{1}{5}\times\underset{4.2}{8}\times\underset{8}{24}}=\dfrac{3}{16}$

(8) $\dfrac{14}{15}\div4.8\div\dfrac{7}{8}=\dfrac{14}{15}\div\dfrac{48}{10}\div\dfrac{7}{8}$

$=\dfrac{14}{15}\times\dfrac{10}{48}\times\dfrac{8}{7}=\dfrac{\overset{2.1}{14}\times\overset{2}{10}\times\overset{1}{8}}{\underset{3}{15}\times\underset{6.3}{48}\times\underset{1}{7}}=\dfrac{2}{9}$

(9) $3.5\times\dfrac{6}{7}\div0.6=\dfrac{35}{10}\times\dfrac{6}{7}\div\dfrac{6}{10}$

$=\dfrac{35}{10}\times\dfrac{6}{7}\times\dfrac{10}{6}=\dfrac{\overset{5}{35}\times\overset{1}{6}\times\overset{1}{10}}{\underset{1}{10}\times\underset{1}{7}\times\underset{1}{6}}=5$

(10) $\dfrac{5}{6}\div0.75\times1.8=\dfrac{5}{6}\div\dfrac{75}{100}\times\dfrac{18}{10}$

$=\dfrac{5}{6}\times\dfrac{100}{75}\times\dfrac{18}{10}=\dfrac{\overset{1}{5}\times\overset{4.2}{100}\times\overset{3.1}{18}}{\underset{1}{6}\times\underset{3.1}{75}\times\underset{2.1}{10}}=2$

③ 解答 (1) $\dfrac{1}{9}$ (2) $\dfrac{1}{2}$ (3) $\dfrac{9}{2}$ (4) 8

(5) $\dfrac{5}{3}$ (6) $\dfrac{1}{10}$ (7) $\dfrac{3}{8}$ (8) $\dfrac{11}{12}$ (9) $\dfrac{6}{5}$

(10) 2

解説

( )の中→乗法・除法→加法・減法
の順に計算する。

(1) $\dfrac{5}{12}\times\left(\dfrac{2}{3}-\dfrac{2}{5}\right)=\dfrac{5}{12}\times\left(\dfrac{10}{15}-\dfrac{6}{15}\right)$

$=\dfrac{5}{12}\times\dfrac{4}{15}=\dfrac{\overset{1}{\cancel{5}}\times\overset{1}{\cancel{4}}}{\underset{3}{\cancel{12}}\times\underset{3}{\cancel{15}}}=\dfrac{1}{9}$

(2) $1\dfrac{2}{7}\times\left(\dfrac{5}{6}-\dfrac{4}{9}\right)=\dfrac{9}{7}\times\left(\dfrac{15}{18}-\dfrac{8}{18}\right)$

$=\dfrac{9}{7}\times\dfrac{7}{18}=\dfrac{\overset{1}{\cancel{9}}\times\overset{1}{\cancel{7}}}{\cancel{7}\times\underset{2}{\cancel{18}}}=\dfrac{1}{2}$

(3) $\dfrac{3}{8}\div\left(\dfrac{3}{4}-\dfrac{2}{3}\right)=\dfrac{3}{8}\div\left(\dfrac{9}{12}-\dfrac{8}{12}\right)$

$=\dfrac{3}{8}\div\dfrac{1}{12}=\dfrac{3}{8}\times\dfrac{12}{1}=\dfrac{3\times\overset{3}{\cancel{12}}}{\underset{2}{\cancel{8}}\times1}=\dfrac{9}{2}$

(4) $2\dfrac{4}{7}\div\left(\dfrac{3}{4}-\dfrac{3}{7}\right)=\dfrac{18}{7}\div\left(\dfrac{21}{28}-\dfrac{12}{28}\right)$

$=\dfrac{18}{7}\div\dfrac{9}{28}=\dfrac{18}{7}\times\dfrac{28}{9}=\dfrac{\overset{2}{\cancel{18}}\times\overset{4}{\cancel{28}}}{\underset{1}{\cancel{7}}\times\underset{1}{\cancel{9}}}=8$

(5) $2\dfrac{1}{3}-1.6\times\dfrac{5}{12}=\dfrac{7}{3}-\dfrac{16}{10}\times\dfrac{5}{12}$

$=\dfrac{7}{3}-\dfrac{\overset{4}{\cancel{16}}\times\overset{1}{\cancel{5}}}{\underset{2}{\cancel{10}}\times\underset{3}{\cancel{12}}}=\dfrac{7}{3}-\dfrac{2}{3}=\dfrac{5}{3}$

(6) $1\dfrac{3}{10}-4\dfrac{1}{5}\div3.5=\dfrac{13}{10}-\dfrac{21}{5}\div\dfrac{35}{10}$

$=\dfrac{13}{10}-\dfrac{21}{5}\times\dfrac{10}{35}=\dfrac{13}{10}-\dfrac{\overset{3}{\cancel{21}}\times\overset{2}{\cancel{10}}}{\underset{1}{\cancel{5}}\times\underset{5}{\cancel{35}}}$

$=\dfrac{13}{10}-\dfrac{6}{5}=\dfrac{13}{10}-\dfrac{12}{10}=\dfrac{1}{10}$

(7) $\dfrac{1}{4}+\dfrac{5}{6}\times1\dfrac{4}{5}-1\dfrac{3}{8}=\dfrac{1}{4}+\dfrac{5}{6}\times\dfrac{9}{5}-\dfrac{11}{8}$

$=\dfrac{1}{4}+\dfrac{\overset{1}{\cancel{5}}\times\overset{3}{\cancel{9}}}{\underset{2}{\cancel{6}}\times\underset{1}{\cancel{5}}}-\dfrac{11}{8}=\dfrac{1}{4}+\dfrac{3}{2}-\dfrac{11}{8}$

$=\dfrac{2}{8}+\dfrac{12}{8}-\dfrac{11}{8}=\dfrac{3}{8}$

(8) $1\dfrac{7}{8}\div\dfrac{5}{6}-\dfrac{7}{9}\times1\dfrac{5}{7}$

$=\dfrac{15}{8}\times\dfrac{6}{5}-\dfrac{7}{9}\times\dfrac{12}{7}=\dfrac{\overset{3}{\cancel{15}}\times\overset{3}{\cancel{6}}}{\underset{4}{\cancel{8}}\times\underset{1}{\cancel{5}}}-\dfrac{\overset{1}{\cancel{7}}\times\overset{4}{\cancel{12}}}{\underset{3}{\cancel{9}}\times\underset{1}{\cancel{7}}}$

$=\dfrac{9}{4}-\dfrac{4}{3}=\dfrac{27}{12}-\dfrac{16}{12}=\dfrac{11}{12}$

(9) $2.4\times\dfrac{1}{6}+1.8\div2\dfrac{1}{4}$

$=\dfrac{24}{10}\times\dfrac{1}{6}+\dfrac{18}{10}\div\dfrac{9}{4}=\dfrac{24}{10}\times\dfrac{1}{6}+\dfrac{18}{10}\times\dfrac{4}{9}$

$=\dfrac{\overset{4}{\cancel{24}}\times1}{\underset{5}{\cancel{10}}\times\underset{1}{\cancel{6}}}+\dfrac{\overset{2}{\cancel{18}}\times\overset{2}{\cancel{4}}}{\underset{5}{\cancel{10}}\times\underset{1}{\cancel{9}}}$

$=\dfrac{2}{5}+\dfrac{4}{5}=\dfrac{6}{5}$

(10) $5\dfrac{1}{3}\times0.75-3.6\div1\dfrac{4}{5}$

$=\dfrac{16}{3}\times\dfrac{75}{100}-\dfrac{36}{10}\div\dfrac{9}{5}$

$=\dfrac{16}{3}\times\dfrac{75}{100}-\dfrac{36}{10}\times\dfrac{5}{9}$

$=\dfrac{\overset{4}{\cancel{16}}\times\overset{3\cdot1}{\cancel{75}}}{\underset{1}{\cancel{3}}\times\underset{4\cdot1}{\cancel{100}}}-\dfrac{\overset{4\cdot2}{\cancel{36}}\times\overset{1}{\cancel{5}}}{\underset{2\cdot1}{\cancel{10}}\times\underset{1}{\cancel{9}}}=4-2=2$

⬤STEP-3 ゆとりで合格の問題

① 解答 (1) $\dfrac{3}{2}$ (2) $\dfrac{1}{16}$ (3) 1

解説

(1) $1\dfrac{3}{7}\times\left(3\dfrac{1}{2}-\dfrac{7}{8}\right)\div2\dfrac{1}{2}$

$=\dfrac{10}{7}\times\left(\dfrac{7}{2}-\dfrac{7}{8}\right)\div\dfrac{5}{2}$

$=\dfrac{10}{7}\times\left(\dfrac{28}{8}-\dfrac{7}{8}\right)\div\dfrac{5}{2}=\dfrac{10}{7}\times\dfrac{21}{8}\times\dfrac{2}{5}$

$=\dfrac{\overset{2\cdot1}{\cancel{10}}\times\overset{3}{\cancel{21}}\times\overset{1}{\cancel{2}}}{\underset{1}{\cancel{7}}\times\underset{4\cdot2}{\cancel{8}}\times\underset{1}{\cancel{5}}}=\dfrac{3}{2}$

(2) $2.1\times\left(1\dfrac{2}{7}-1.25\right)\div1.2$

$=\dfrac{21}{10}\times\left(\dfrac{9}{7}-\dfrac{125}{100}\right)\div\dfrac{12}{10}$

$$=\frac{21}{10}\times\left(\frac{9}{7}-\frac{5}{4}\right)\div\frac{6}{5}$$

$$=\frac{21}{10}\times\left(\frac{36}{28}-\frac{35}{28}\right)\times\frac{5}{6}=\frac{21}{10}\times\frac{1}{28}\times\frac{5}{6}$$

$$=\frac{\overset{3}{\cancel{21}}\times1\times\overset{1}{\cancel{5}}}{\underset{2}{\cancel{10}}\times\underset{4}{\cancel{28}}\times\underset{2}{\cancel{6}}}=\frac{1}{16}$$

(3) $\left(2.4-1\frac{3}{5}\right)\times3.75-2\frac{4}{7}\times\frac{7}{9}$

$$=\left(\frac{24}{10}-\frac{8}{5}\right)\times3\frac{3}{4}-\frac{18}{7}\times\frac{7}{9}$$

$$=\left(\frac{12}{5}-\frac{8}{5}\right)\times\frac{15}{4}-\frac{18}{7}\times\frac{7}{9}$$

$$=\frac{4}{5}\times\frac{15}{4}-\frac{18}{7}\times\frac{7}{9}=\frac{\overset{1}{\cancel{4}}\times\overset{3}{\cancel{15}}}{\underset{1}{\cancel{5}}\times\underset{1}{\cancel{4}}}-\frac{\overset{2}{\cancel{18}}\times\overset{1}{\cancel{7}}}{\underset{1}{\cancel{7}}\times\underset{1}{\cancel{9}}}$$

$$=3-2=1$$

② 数の計算②

問題:**17**ページ

STEP-1 基本の問題

1 解答 (1) $\frac{1}{3}$ (2) $\frac{5}{2}$ (3) $\frac{3}{4}$ (4) $\frac{9}{2}$

解説

$a:b$ の比の値→ $a\div b$

(1) $3\div9=\frac{3}{9}=\frac{1}{3}$

(2) $20\div8=\frac{20}{8}=\frac{5}{2}$

(3) $0.6\div0.8=6\div8=\frac{6}{8}=\frac{3}{4}$

(4) $\frac{3}{4}\div\frac{1}{6}=\frac{3}{4}\times\frac{6}{1}=\frac{3\times\overset{3}{\cancel{6}}}{\underset{2}{\cancel{4}}\times1}=\frac{9}{2}$

2 解答 (1) $2:3$ (2) $5:7$ (3) $3:4$
(4) $6:5$

解説

比の前の数と後ろの数に同じ数をかけても同じ数でわっても，比は変わらない。

(1) $10:15=(10\div5):(15\div5)=2:3$

(2) $2.5:3.5=(2.5\times10):(3.5\times10)$
$=25:35=(25\div5):(35\div5)=5:7$

(3) $\frac{1}{4}:\frac{1}{3}=\left(\frac{1}{4}\times12\right):\left(\frac{1}{3}\times12\right)$
$=3:4$

(4) $\frac{2}{3}:\frac{5}{9}=\left(\frac{2}{3}\times9\right):\left(\frac{5}{9}\times9\right)=6:5$

3 解答 (1) -9 (2) -7 (3) -8 (4) 3

解説

(1) 同符号の2数の和→**絶対値の和に共通の符号**をつける。
$(-3)+(-6)=-(3+6)=-9$

(2) 異符号の2数の和→**絶対値の差に絶対値の大きい方の符号**をつける。
$(-9)+(+2)=-(9-2)=-7$

(3) ひく数の符号を変えて加法に直す。
$(-5)-(+3)=(-5)+(-3)$
$=-(5+3)=-8$

(4) $(-4)-(-7)=(-4)+(+7)$
$=+(7-4)=+3=3$

4 解答 (1) 54 (2) -32 (3) $\frac{4}{7}$ (4) 7
(5) -8 (6) $-\frac{5}{9}$

解説

(1) 同符号の2数の積→**絶対値の積に＋ の符号**をつける。
$(-6)\times(-9)=+(6\times9)=+54=54$

(2) 異符号の2数の積→**絶対値の積に－ の符号**をつける。
$(+8)\times(-4)=-(8\times4)=-32$

(3) $\left(-\frac{2}{3}\right)\times\left(-\frac{6}{7}\right)=+\left(\frac{2}{3}\times\frac{6}{7}\right)$
$=+\frac{4}{7}=\frac{4}{7}$

(4) 同符号の2数の商→**絶対値の商に＋ の符号**をつける。
$(-35)\div(-5)=+(35\div5)=+7=7$

(5) 異符号の2数の商→**絶対値の商に**

－の符号をつける。

$$(-24) \div (+3) = -(24 \div 3) = -8$$

(6) $\left(-\dfrac{5}{12}\right) \div \left(+\dfrac{3}{4}\right) = \left(-\dfrac{5}{12}\right) \times \left(+\dfrac{4}{3}\right)$

$$= -\left(\dfrac{5}{12} \times \dfrac{4}{3}\right) = -\dfrac{5}{9}$$

ⓢⓉⒺⓅ ② 合格力をつける問題

①解答 (1) 4 (2) $\dfrac{8}{3}$ (3) $\dfrac{5}{3}$ (4) $\dfrac{4}{3}$

解説

小数は分数に，帯分数は仮分数に直して計算する。

(1) $3 \div \dfrac{3}{4} = 3 \times \dfrac{4}{3} = 4$

(2) $\dfrac{4}{5} \div 0.3 = \dfrac{4}{5} \div \dfrac{3}{10} = \dfrac{4}{5} \times \dfrac{10}{3} = \dfrac{8}{3}$

(3) $2\dfrac{2}{3} \div 1\dfrac{3}{5} = \dfrac{8}{3} \div \dfrac{8}{5} = \dfrac{8}{3} \times \dfrac{5}{8} = \dfrac{5}{3}$

(4) $4.5 \div 3\dfrac{3}{8} = \dfrac{45}{10} \div \dfrac{27}{8} = \dfrac{45}{10} \times \dfrac{8}{27} = \dfrac{4}{3}$

②解答 (1) 12 (2) 0.2 (3) 1 (4) 3

解説

(1) $4 : 9 = \boxed{} : 27$ （×3）

より，$4 \times 3 = 12$

【別解】

$a : b = c : d$ ならば，$ad = bc$

を利用する。

$4 \times 27 = 9 \times \boxed{}$

$\boxed{} = \dfrac{4 \times 27}{9} = 12$

(2) $\boxed{} : 0.3 = 2 : 3$ （÷10）

より，$2 \div 10 = 0.2$

(3) $2 : 5 = \dfrac{2}{5} : \boxed{}$ （÷5）

より，$5 \div 5 = 1$

(4) $4 : \boxed{} = \dfrac{2}{3} : \dfrac{1}{2}$ （×6）

より，$\dfrac{1}{2} \times 6 = 3$

③解答 (1) 7 (2) -7 (3) 1 (4) -2
(5) 9 (6) 11 (7) 5 (8) 8

解説

かっこをはずし，正の項，負の項を集める。

(1) $8 - (-3) - 4 = 8 + 3 - 4 = 11 - 4 = 7$

(2) $5 + (-5) - 7 = 5 - 5 - 7 = -7$

(3) $3 + (-5) + (-4) + 7 = 3 - 5 - 4 + 7$
$= 3 + 7 - 5 - 4 = 10 - 9 = 1$

(4) $(-5) \times 6 - (-4) \times 7$
$= -30 - (-28) = -30 + 28 = -2$

(5) $7 - (-8) \div 4 = 7 - (-2) = 7 + 2 = 9$

(6) $56 \div (-8) + (-2) \times (-9)$
$= (-7) + (+18) = -7 + 18 = 11$

(7) $6 + 9 \div (-3^2) = 6 + 9 \div (-9)$
$= 6 + (-1) = 6 - 1 = 5$

ミス対策 (-3^2) と $(-3)^2$ のちがいに注意

$$-3^2 = -(3 \times 3) = -9$$
$$(-3)^2 = (-3) \times (-3) = 9$$

(8) $(-3)^2 - 4 \div (-2)^2 = 9 - 4 \div 4$
$= 9 - 1 = 8$

④解答 (1) -36 (2) 51 (3) $-\dfrac{4}{5}$
(4) $-\dfrac{5}{72}$ (5) 5 (6) -20 (7) $\dfrac{5}{28}$
(8) $-\dfrac{64}{3}$ (9) $-\dfrac{1}{4}$ (10) 7

解説

(1) $(-3)^2 \times (-2^2) = 9 \times (-4) = -36$

(2) $(-3)^2 \times 5 + \{8 - (-4)\} \div 2$
$= 9 \times 5 + (8 + 4) \div 2$

$$=45+12\div2=45+6=51$$

(3) $\dfrac{1}{3}\div\left(-\dfrac{7}{12}\right)\times1.4=\dfrac{1}{3}\times\left(-\dfrac{12}{7}\right)\times\dfrac{14}{10}$

$$=-\dfrac{1\times\overset{4}{\cancel{12}}\times\overset{2}{\cancel{14}}}{\underset{1}{\cancel{3}}\times\underset{1}{\cancel{7}}\times\underset{5}{\cancel{10}}}=-\dfrac{4}{5}$$

(4) $1\dfrac{2}{3}\times\left(\dfrac{3}{4}-\dfrac{5}{6}\right)\div2$

$$=1\dfrac{2}{3}\times\left(\dfrac{9}{12}-\dfrac{10}{12}\right)\div2=\dfrac{5}{3}\times\left(-\dfrac{1}{12}\right)\times\dfrac{1}{2}$$

$$=-\dfrac{5\times1\times1}{3\times12\times2}=-\dfrac{5}{72}$$

(5) $-\dfrac{5}{6}\times3-35\div\left(-\dfrac{14}{3}\right)$

$$=-\dfrac{5\times\overset{1}{\cancel{3}}}{\underset{2}{\cancel{6}}}+\dfrac{\overset{5}{\cancel{35}}\times3}{\underset{2}{\cancel{14}}}=-\dfrac{5}{2}+\dfrac{15}{2}=\dfrac{10}{2}=5$$

(6) $8\div\dfrac{2}{3}-(-4)^2\times2=8\div\dfrac{2}{3}-16\times2$

$$=\overset{4}{\cancel{8}}\times\dfrac{3}{\underset{1}{\cancel{2}}}-16\times2=12-32=-20$$

(7) $\dfrac{3}{4}+\left(-\dfrac{2}{3}\right)^2\div\left(-\dfrac{7}{9}\right)$

$$=\dfrac{3}{4}+\dfrac{4}{9}\div\left(-\dfrac{7}{9}\right)=\dfrac{3}{4}-\dfrac{4\times\overset{1}{\cancel{9}}}{\underset{1}{\cancel{9}}\times7}$$

$$=\dfrac{3}{4}-\dfrac{4}{7}=\dfrac{21}{28}-\dfrac{16}{28}=\dfrac{5}{28}$$

(8) $(-2)^3\div(-6)\times(-4^2)$

$$=(-8)\times\left(-\dfrac{1}{6}\right)\times(-16)$$

$$=-\dfrac{\overset{4}{\cancel{8}}\times16}{\underset{3}{\cancel{6}}}=-\dfrac{64}{3}$$

(9) $(-9)^2\div(-6^2)\times\left(-\dfrac{1}{3}\right)^2$

$$=81\div(-36)\times\dfrac{1}{9}=-\dfrac{\overset{9}{\cancel{81}}\overset{1}{}}{\underset{4}{\cancel{36}}\times\underset{1}{\cancel{9}}}=-\dfrac{1}{4}$$

(10) $\left(-\dfrac{5}{6}+\dfrac{1}{4}\right)\times(-12)$

$$=-\dfrac{5}{6}\times(-12)+\dfrac{1}{4}\times(-12)$$

$$=10-3=7$$

1 解答 (1) $-\dfrac{9}{5}$ (2) $\dfrac{1}{2}$ (3) -18

(4) -6

解説

乗除の計算では，まず符号を決める。

負の数が偶数個 ⇨ 全体の符号は ＋

負の数が奇数個 ⇨ 全体の符号は －

(1) $\left(-\dfrac{4}{5}\right)\div\dfrac{2}{3}\div\left(-\dfrac{5}{9}\right)\times\left(-\dfrac{5}{6}\right)$

$$=-\dfrac{4}{5}\times\dfrac{3}{2}\times\dfrac{9}{5}\times\dfrac{5}{6}$$

$$=-\dfrac{\overset{2}{\cancel{4}}\times\overset{1}{\cancel{3}}\times9\times\overset{1}{\cancel{5}}}{\underset{1}{\cancel{5}}\times\underset{1}{\cancel{2}}\times5\times\underset{1}{\cancel{6}}}=-\dfrac{9}{5}$$

(2) $3+\left\{\dfrac{1}{4}-3\times\left(\dfrac{5}{3}-\dfrac{3}{4}\right)\right\}$

$$=3+\left\{\dfrac{1}{4}-3\times\left(\dfrac{20}{12}-\dfrac{9}{12}\right)\right\}$$

$$=3+\left(\dfrac{1}{4}-3\times\dfrac{11}{12}\right)=3+\left(\dfrac{1}{4}-\dfrac{11}{4}\right)$$

$$=3-\dfrac{10}{4}=\dfrac{12}{4}-\dfrac{10}{4}=\dfrac{2}{4}=\dfrac{1}{2}$$

(3) $-2^2-\left\{\left(-\dfrac{3}{2}\right)^2+\dfrac{5}{4}\right\}\div(-0.5)^2$

$$=-2^2-\left\{\left(-\dfrac{3}{2}\right)^2+\dfrac{5}{4}\right\}\div\left(-\dfrac{1}{2}\right)^2$$

$$=-4-\left(\dfrac{9}{4}+\dfrac{5}{4}\right)\div\dfrac{1}{4}$$

$$=-4-\dfrac{14}{4}\times4=-4-14=-18$$

(4) $(-3)^3\div(-2)^2-3\div(-2^2)$

$$=(-27)\div4-3\div(-4)$$

$$=-\dfrac{27}{4}+\dfrac{3}{4}=-\dfrac{24}{4}=-6$$

③ 式の計算

問題:21ページ

1 解答 (1) $-x+3$ (2) $-5a+1$

(3) $5a-6$　(4) $10a+6$

(5) $-2x+8$　(6) $-5x+2$

┌**解説**┐─────────C

　文字の部分が同じ項（同類項）は，分配法則を使ってまとめる。

　数×（　）の加減は，かっこをはずし，同類項どうしをまとめる。

(1)　$2x+3-3x=2x-3x+3$
$$=(2-3)x+3=-x+3$$

(2)　$-3a+4-2a-3$
$$=-3a-2a+4-3$$
$$=(-3-2)a+4-3=-5a+1$$

(3)　$3a+2(a-3)$
$$=3a+2\times a+2\times(-3)$$
$$=3a+2a-6=5a-6$$

(4)　$4(2a-1)+2(a+5)$
$$=8a-4+2a+10=8a+2a-4+10$$
$$=10a+6$$

(5)　$2(2x-5)-6(x-3)$
$$=4x-10-6x+18=4x-6x-10+18$$
$$=-2x+8$$

(6)　$x-2(3x-1)=x-6x+2$
$$=-5x+2$$

②解答　(1) $-4x^2-x$　(2) $-2ab^2+ab$

(3) $6x-2y$　(4) $-a+6b$

(5) $-12a+18b$　(6) $-4x^2+3x+2$

(7) $13x-y$　(8) $-3x+5y$

(9) $-2a-13b$　(10) a

┌**解説**┐─────────C

　多項式の加法・減法は，分配法則を使ってかっこをはずし，**同類項をまとめる**。

(1)　$3x$ と x^2 は同類項ではない。
$$3x+x^2-4x-5x^2$$
$$=x^2-5x^2+3x-4x=-4x^2-x$$

(2)　$2ab-3ab^2+ab^2-ab$

$$=-3ab^2+ab^2+2ab-ab$$
$$=-2ab^2+ab$$

(3)　$(x+y)+(5x-3y)$
$$=x+y+5x-3y=6x-2y$$

(4)　$(2a+b)-(3a-5b)$
$$=2a+b-3a+5b=-a+6b$$

(5)　分配法則を使ってかっこをはずす。
$$-6(2a-3b)=-6\times2a-6\times(-3b)$$
$$=-12a+18b$$

(6)　$(12x^2-9x-6)\div(-3)$
$$=(12x^2-9x-6)\times\left(-\frac{1}{3}\right)$$
$$=12x^2\times\left(-\frac{1}{3}\right)-9x\times\left(-\frac{1}{3}\right)-6\times\left(-\frac{1}{3}\right)$$
$$=-4x^2+3x+2$$

(7)　$2(4x+2y)+5(x-y)$
$$=8x+4y+5x-5y=13x-y$$

(8)　$x+3y-2(2x-y)$
$$=x+3y-4x+2y=-3x+5y$$

(9)　$5(2a-b)-4(3a+2b)$
$$=10a-5b-12a-8b$$
$$=-2a-13b$$

(10)　$-3(a^2-a)-(2a-3a^2)$
$$=-3a^2+3a-2a+3a^2$$
$$=a$$

③解答　(1) $-6a^2b$　(2) $-8x^3$

(3) $12x^5y$　(4) $-a^4b^5$　(5) $3a$

(6) $-\dfrac{a}{4}$　(7) $\dfrac{9b}{a}$　(8) -2

(9) $2x^2$　(10) $9a$

┌**解説**┐─────────C

〈単項式の乗法・除法〉

乗法⇨**係数どうしの積と，文字どうしの積**を求め，それらをかけ合わせる。

除法⇨**わる式の逆数をかける乗法**に直す。または，分数の形にする。

(1) $(-3a) \times 2ab$
$= -3 \times a \times 2 \times ab$
$= -3 \times 2 \times a \times ab$
$= -6a^2b$

(2) $(-2x)^3$
$= (-2x) \times (-2x) \times (-2x)$
$= (-2) \times (-2) \times (-2) \times x \times x \times x$
$= -8x^3$

miss ミス対策 負の数の累乗の計算は符号に注意しよう。

$(-2x)^3$ は $(-2x)$ を 3 回かけることなので，符号は負。

(3) 累乗⇨乗法の順に計算する。
$3xy \times (2x^2)^2 = 3xy \times (2x^2 \times 2x^2)$
$= 3xy \times 4x^4 = 12x^5y$

(4) $ab^2 \times (-ab)^3 = ab^2 \times (-a^3b^3)$
$= -a^4b^5$

(5) 分数の形にする。
$12ab \div 4b = \dfrac{12ab}{4b} = 3a$

(6) $-2ab \div 8b = -\dfrac{2ab}{8b} = -\dfrac{a}{4}$

(7) $9b^2 \div ab = \dfrac{9b^2}{ab} = \dfrac{9b}{a}$

(8) $(-2x^2) \div x^2 = \dfrac{-2x^2}{x^2} = -2$

(9) $\dfrac{1}{2}x = \dfrac{x}{2}$ だから，逆数は $\dfrac{2}{x}$
$x^3 \div \dfrac{1}{2}x = x^3 \times \dfrac{2}{x} = 2x^2$

(10) $3a^2b^2 \div \dfrac{1}{3}ab^2 = 3a^2b^2 \times \dfrac{3}{ab^2} = 9a$

STEP 2 合格力をつける問題

① 解答 (1) $\dfrac{4}{3}x + \dfrac{7}{2}$ (2) $-\dfrac{1}{4}a + 2$

(3) $4a - 2$ (4) $-9x + 20$

(5) $4x + 6$ (6) $-3a + 21$

(7) $4x - 2$ (8) $-9a + 24$

(9) $\dfrac{-3x-1}{4}$ (10) $\dfrac{y+7}{3}$ (11) $\dfrac{2x+8}{3}$

(12) $\dfrac{9a-4}{6}$ (13) $-6x + 14$ (14) $\dfrac{a-1}{12}$

解説

分数の形の式の加減を通分するとき，分子の式に（　）をつけると符号のミスが防げる。

(1) $\dfrac{1}{3}x + 4 + x - \dfrac{1}{2}$
$= \dfrac{1}{3}x + \dfrac{3}{3}x + \dfrac{8}{2} - \dfrac{1}{2} = \dfrac{4}{3}x + \dfrac{7}{2}$

(2) $\left(\dfrac{a}{4} - 3\right) - \left(\dfrac{a}{2} - 5\right)$
$= \dfrac{1}{4}a - 3 - \dfrac{2}{4}a + 5 = -\dfrac{1}{4}a + 2$

(3) $\dfrac{2}{3}(6a - 3) = \dfrac{2}{3} \times 6a + \dfrac{2}{3} \times (-3)$
$= 4a - 2$

(4) $-24\left(\dfrac{3}{8}x - \dfrac{5}{6}\right) = -24 \times \dfrac{3}{8}x - 24 \times \left(-\dfrac{5}{6}\right)$
$= -9x + 20$

(5) $\dfrac{2x+3}{3} \times 6 = (2x + 3) \times 2 = 4x + 6$

(6) $\dfrac{a-7}{5} \times (-15) = (a - 7) \times (-3)$
$= -3a + 21$

(7) $18\left(\dfrac{2x-1}{9}\right) = 2(2x - 1) = 4x - 2$

(8) $-12 \times \dfrac{3a-8}{4} = -3(3a - 8)$
$= -9a + 24$

(9) $\dfrac{x-1}{2} + \dfrac{1-5x}{4} = \dfrac{2(x-1)}{4} + \dfrac{1-5x}{4}$
$= \dfrac{2x-2+1-5x}{4} = \dfrac{-3x-1}{4}$

(10) $\dfrac{4y-2}{3} - y + 3 = \dfrac{4y-2-3(y-3)}{3}$
$= \dfrac{4y-2-3y+9}{3} = \dfrac{y+7}{3}$

(11) $x + 1 - \dfrac{x-5}{3} = \dfrac{3(x+1)}{3} - \dfrac{x-5}{3}$
$= \dfrac{3(x+1)-(x-5)}{3} = \dfrac{3x+3-x+5}{3}$
$= \dfrac{2x+8}{3}$

(12) $\dfrac{3a-1}{3}-\dfrac{2-3a}{6}$

$=\dfrac{2(3a-1)-(2-3a)}{6}$

$=\dfrac{6a-2-2+3a}{6}=\dfrac{9a-4}{6}$

(13) $8\left(2-\dfrac{3x+1}{4}\right)=16-2(3x+1)$

$=16-6x-2=-6x+14$

(14) $\dfrac{2a-5}{6}-\dfrac{a-3}{4}$

$=\dfrac{2(2a-5)-3(a-3)}{12}$

$=\dfrac{4a-10-3a+9}{12}=\dfrac{a-1}{12}$

② 解答 (1) $\dfrac{5}{12}xy+x$ (2) $-\dfrac{7}{4}x+\dfrac{5}{3}y$

(3) $1.8a+2b$ (4) $4a+4b$

(5) $-3x^2-5x$ (6) $28a^2-14ab+7b^2$

解説

(1) $\dfrac{2}{3}xy-\dfrac{1}{4}xy+x=\dfrac{8}{12}xy-\dfrac{3}{12}xy+x$

$=\dfrac{5}{12}xy+x$

(2) $\left(\dfrac{1}{4}x+y\right)-\left(2x-\dfrac{2}{3}y\right)$

$=\dfrac{1}{4}x+\dfrac{3}{3}y-\dfrac{8}{4}x+\dfrac{2}{3}y$

$=-\dfrac{7}{4}x+\dfrac{5}{3}y$

(3) $0.6a+b-(-1.2a-b)$

$=0.6a+b+1.2a+b=1.8a+2b$

(4) $5a-\{2b+(a-6b)\}$

$=5a-2b-(a-6b)=5a-2b-a+6b$

$=4a+4b$

(5) $x^2+\{2x-(4x^2+7x)\}$

$=x^2+2x-(4x^2+7x)$

$=x^2+2x-4x^2-7x=-3x^2-5x$

(6) $(24a^2-12ab+6b^2)\div\dfrac{6}{7}$

$=(24a^2-12ab+6b^2)\times\dfrac{7}{6}$

$=28a^2-14ab+7b^2$

③ 解答 (1) 和…$5a^2+2a-6$,

差…$15a^2-14a$

(2) 和…$\dfrac{14x-15y}{12}$,差…$\dfrac{2x-9y}{12}$

解説

(1) 和 $(10a^2-6a-3)+(8a-3-5a^2)$

$=10a^2-6a-3+8a-3-5a^2$

$=5a^2+2a-6$

差 $(10a^2-6a-3)-(8a-3-5a^2)$

$=10a^2-6a-3-8a+3+5a^2$

$=15a^2-14a$

(2) 和 $\dfrac{2x-3y}{3}+\dfrac{2x-y}{4}$

$=\dfrac{4(2x-3y)+3(2x-y)}{12}$

$=\dfrac{8x-12y+6x-3y}{12}=\dfrac{14x-15y}{12}$

差 $\dfrac{2x-3y}{3}-\dfrac{2x-y}{4}$

$=\dfrac{4(2x-3y)-3(2x-y)}{12}$

$=\dfrac{8x-12y-6x+3y}{12}=\dfrac{2x-9y}{12}$

④ 解答 (1) $\dfrac{x+4y}{3}$ (2) $\dfrac{3x-y}{8}$

(3) $\dfrac{-a-8b}{6}$ (4) $\dfrac{16x-9y}{12}$

(5) $\dfrac{1}{2}a$ (6) $\dfrac{5x^2-11x}{10}$

解説

(1) $\dfrac{4x-2y}{3}-x+2y$

$=\dfrac{4x-2y-3(x-2y)}{3}$

$=\dfrac{4x-2y-3x+6y}{3}=\dfrac{x+4y}{3}$

(2) $\dfrac{x-y}{4}+\dfrac{x+y}{8}$

$=\dfrac{2(x-y)+(x+y)}{8}$

$=\dfrac{2x-2y+x+y}{8}=\dfrac{3x-y}{8}$

(3) $\dfrac{a-2b}{2}-\dfrac{2a+b}{3}$

$=\dfrac{3(a-2b)-2(2a+b)}{6}$

$=\dfrac{3a-6b-4a-2b}{6}=\dfrac{-a-8b}{6}$

miss ミス対策 分数の形の式の加減では, **分子の式にまぼろしのかっこがある**と考えよう。

$\xrightarrow{\quad\downarrow\qquad\downarrow\qquad\downarrow\qquad\downarrow\quad}$ **まぼろしのかっこ**

$\dfrac{(a-2b)}{2}-\dfrac{(2a+b)}{3}$

(4) $\dfrac{5}{6}x+\dfrac{2x-3y}{4}=\dfrac{10x+3(2x-3y)}{12}$

$=\dfrac{10x+6x-9y}{12}=\dfrac{16x-9y}{12}$

(5) $\dfrac{2}{3}(2a+b)-\dfrac{5a+4b}{6}$

$=\dfrac{4(2a+b)}{6}-\dfrac{5a+4b}{6}$

$=\dfrac{8a+4b-(5a+4b)}{6}$

$=\dfrac{8a+4b-5a-4b}{6}=\dfrac{3}{6}a=\dfrac{1}{2}a$

(6) $\dfrac{2}{5}(-x+3x^2)-\dfrac{7}{10}(x+x^2)$

$=\dfrac{4(-x+3x^2)}{10}-\dfrac{7(x+x^2)}{10}$

$=\dfrac{-4x+12x^2-7x-7x^2}{10}$

$=\dfrac{5x^2-11x}{10}$

5 解答 (1) $-\dfrac{1}{6}x^2y^3$ (2) $-a^4b^3$

(3) $\dfrac{3y}{2x}$ (4) $-\dfrac{b}{4}$ (5) $\dfrac{2x}{y}$ (6) $-\dfrac{3a^2b}{2}$

(7) $-6x^2$ (8) y^2 (9) $-b$ (10) $\dfrac{a^4}{3}$

解説

(1) $\dfrac{1}{4}x\times\left(-\dfrac{2}{3}xy^3\right)=-\dfrac{1}{6}x^2y^3$

(2) $-4a^2b\times\left(-\dfrac{1}{2}ab\right)^2$

$=-4a^2b\times\dfrac{1}{4}a^2b^2=-a^4b^3$

(3) $\dfrac{2}{3}xy^2\div\dfrac{4}{9}x^2y$

$=\dfrac{2xy^2}{3}\times\dfrac{9}{4x^2y}=\dfrac{3y}{2x}$

(4) $\dfrac{1}{6}ab^2\div\left(-\dfrac{2}{3}ab\right)$

$=\dfrac{ab^2}{6}\times\left(-\dfrac{3}{2ab}\right)=-\dfrac{b}{4}$

(5) $4x\times3xy\div6xy^2$

$=\dfrac{4x\times3xy}{6xy^2}$

$=\dfrac{2x}{y}$

(6) $a^3\div4ab\times(-6b^2)$

$=-\dfrac{a^3\times6b^2}{4ab}=-\dfrac{3a^2b}{2}$

(7) $2x^2y\div xy^2\times(-3xy)$

$=-\dfrac{2x^2y\times3xy}{xy^2}=-6x^2$

(8) ( )の中⇨除法の順に

$y^4\div(y^3\div y)=y^4\div y^2=y^2$

(9) $\dfrac{5}{8}ab^2\div\left(-\dfrac{5}{6}a\right)\div\dfrac{3}{4}b$

$=\dfrac{5ab^2}{8}\times\left(-\dfrac{6}{5a}\right)\times\dfrac{4}{3b}$

$=-\dfrac{5ab^2\times6\times4}{8\times5a\times3b}=-b$

(10) 累乗⇨乗法・除法の順に

$a^2\times(-a)^3\div(-3a)$

$=a^2\times(-a^3)\times\left(-\dfrac{1}{3a}\right)$

$=\dfrac{a^2\times a^3}{3a}=\dfrac{a^4}{3}$

S T E P 3 — **ゆとりで合格の問題**

1 解答 (1) $\dfrac{8}{15ab}$ (2) $\dfrac{-4x+6y-z}{6}$

(3) $\dfrac{a+b}{6}$ (4) $-16x^2$

解説

(1) $\left(-\dfrac{4}{3}a\right)^3 \times \dfrac{2}{5}a^2b^2 \div \left(-\dfrac{16}{9}a^6b^3\right)$

$=-\dfrac{64a^3}{27} \times \dfrac{2a^2b^2}{5} \times \left(-\dfrac{9}{16a^6b^3}\right)$

$=\dfrac{\overset{4}{\cancel{64}}a^3 \times 2a^2b^2 \times \overset{1}{\cancel{9}}}{\underset{3}{\cancel{27}} \times 5 \times \underset{1}{\cancel{16}}a^6b^3} = \dfrac{8}{15ab}$

(2) $\dfrac{3x-6y+2z}{6} - \dfrac{2x-3y}{3} - \dfrac{x-2y+z}{2}$

$=\dfrac{3x-6y+2z-2(2x-3y)-3(x-2y+z)}{6}$

$=\dfrac{3x-6y+2z-4x+6y-3x+6y-3z}{6}$

$=\dfrac{-4x+6y-z}{6}$

(3) $\dfrac{2a-b}{3} - \left\{\dfrac{3a+5b}{2} - (a+3b)\right\}$

$=\dfrac{2a-b}{3} - \dfrac{3a+5b-2(a+3b)}{2}$

$=\dfrac{2a-b}{3} - \dfrac{3a+5b-2a-6b}{2}$

$=\dfrac{2a-b}{3} - \dfrac{a-b}{2} = \dfrac{2(2a-b)-3(a-b)}{6}$

$=\dfrac{4a-2b-3a+3b}{6} = \dfrac{a+b}{6}$

(4) $-2x^3y \times (-3xy)^2 \div (xy)^3$
$\qquad\qquad + 32x^2y^2 \div (-4y)^2$

$=-2x^3y \times 9x^2y^2 \div x^3y^3 + 32x^2y^2 \div 16y^2$

$=\dfrac{-2x^3y \times 9x^2y^2}{x^3y^3} + \dfrac{\overset{2}{\cancel{32}}x^2y^2}{\underset{1}{\cancel{16}}y^2}$

$=-18x^2 + 2x^2 = -16x^2$

④ 方程式，等式の変形

問題：25ページ

STEP 1 — 基本の問題

1 解答 (1) $x=-3$ (2) $x=-2$
(3) $x=-6$ (4) $x=5$ (5) $x=-3$
(6) $x=5$ (7) $x=8$ (8) $x=7$
(9) $x=-4$ (10) $x=2$

解説

〈方程式の解き方〉

① 文字の項を左辺へ，数の項を右辺へ移項する。

② 両辺を整理する。

③ 両辺を文字の係数でわる。

(1) $x+9=6$, $x=6-9$, $x=-3$

(2) $-3x=6$, $x=\dfrac{6}{-3}$, $x=-2$

(3) $\dfrac{x}{3}=-2$, $x=-2\times3$, $x=-6$

(4) $4x-9=11$, $4x=20$, $x=5$

(5) $-7-5x=8$, $-5x=15$, $x=-3$

(6) $2x=30-4x$, $6x=30$, $x=5$

(7) $6x-24=3x$, $3x=24$, $x=8$

(8) $2x-3=x+4$, $x=7$

(9) $-7x-11=x+21$, $-8x=32$,
$x=-4$

(10) $-3x+8-x=0$, $-4x=-8$,
$x=2$

2 解答 (1) $x=8$ (2) $x=6$

解説

$a:b=c:d$ ならば，$ad=bc$

を利用する。

(1) $x\times3=12\times2$, $x=\dfrac{12\times2}{3}=8$

(2) $9\times10=15\times x$, $x=\dfrac{9\times10}{15}=6$

3 解答 (1)① 7 ② -12
(2)① -7 ② -25

解説

式の中の文字に文字の値を代入して，代入した式を計算する。

(1)① $4\times3-5=12-5=7$

② $-\dfrac{36}{3}=-12$

(2)① $3\times(-5)+8=-15+8=-7$

② $-(-5)^2=-25$

miss **ミス対策** 負の数は（ ）をつけて代入する。

4 解答 (1) $y=2x+1$　(2) $b=\dfrac{\ell}{2}-a$

解説

　解く文字以外を定数と考えて，方程式を解く要領で変形する。

(1)　$2x-y=-1$
$\qquad -y=-2x-1$　〔$2x$ を移項する
$\qquad y=2x+1$　〔両辺に -1 をかける

(2)　$\ell=2(a+b)$
$\qquad 2(a+b)=\ell$　〔右辺と左辺を入れかえる
$\qquad a+b=\dfrac{\ell}{2}$　〔両辺を 2 でわる
$\qquad b=\dfrac{\ell}{2}-a$　〔a を移項する

STEP 2 合格力をつける問題

1 解答 (1) $x=6$　(2) $x=1$
$\qquad$ (3) $x=\dfrac{2}{7}$　(4) $x=13$

解説

　分配法則を使ってかっこをはずし，文字の項を左辺に，数の項を右辺に移項する。

(1)　$3(x-4)=x$,　$3x-12=x$,
$\qquad 2x=12$,　$x=6$

(2)　$6-(x+3)=2x$,　$6-x-3=2x$,
$\qquad 3-x=2x$,　$-3x=-3$,　$x=1$

(3)　$4-2(4x+1)=-x$,
$\qquad 4-8x-2=-x$,　$-7x=-2$,　$x=\dfrac{2}{7}$

(4)　$5x-(2x-7)=2(2x-3)$
$\qquad 5x-2x+7=4x-6$
$\qquad -x=-13$,　$x=13$

2 解答 (1) $x=-6$　(2) $x=16$
$\qquad$ (3) $x=16$　(4) $x=-36$　(5) $x=-48$
$\qquad$ (6) $x=3$　(7) $x=-23$　(8) $x=-31$

解説

　分母の最小公倍数を両辺にかけて，係数を整数にする。

(1)　両辺に 8 をかけると，
$\qquad \dfrac{3}{8}x\times8=-\dfrac{9}{4}\times8$,　$3x=-18$,
$\qquad x=-6$

(2)　両辺に 6 をかけると，
$\qquad \dfrac{2}{3}x\times6-8\times6=\dfrac{x}{6}\times6$,
$\qquad 4x-48=x$,　$3x=48$,　$x=16$

miss **ミス対策** **整数の項へのかけ忘れに注意する。**

　-8 の項にかけ忘れて，
$\qquad 4x-8=x$
とするミスに注意!!

(3)　両辺に 8 をかけると，
$\qquad 4x-16=5x-32$,　$-x=-16$,
$\qquad x=16$

(4)　両辺に 12 をかけると，
$\qquad 9x+24=8x-12$,　$x=-36$

(5)　両辺に 24 をかけると，
$\qquad 20x-24=21x+24$,　$-x=48$,　$x=-48$

(6)　両辺に 2 をかけると，
$\qquad x-3=2(2x-6)$,　$x-3=4x-12$,
$\qquad -3x=-9$,　$x=3$

(7)　両辺に 6 をかけると，
$\qquad 3(x-5)=2(2x+4)$,　$3x-15=4x+8$,
$\qquad -x=23$,　$x=-23$

(8)　両辺に 12 をかけると，
$\qquad 2(x-2)-3(x+5)=\underline{12}$　〔1 にかけ忘れるな！
$\qquad 2x-4-3x-15=12$
$\qquad -x=31$,　$x=-31$

3 解答 (1) $x=5$　(2) $x=9$　(3) $x=7$
$\qquad$ (4) $x=3$

解説

　両辺に 10，100，…をかけて，係数を整数にする。

(1) 両辺に 10 をかけて，
$$8x=90-10x,\ 18x=90,\ x=5$$

(2) 両辺に 10 をかけて，
$$12x-27=7x+18,\ 5x=45,\ x=9$$

(3) 両辺に 10 をかけて，
$$2(x-2)-6=4,\ 2x=14,\ x=7$$

(4) 両辺に 10 をかけて，
$$3x-(x-4)=10,\ 2x=6,\ x=3$$

4 解答 (1) $x=4$　(2) $x=\dfrac{5}{2}$　(3) $x=7$
(4) $x=6$

解説

(1) $x\times 75=3\times 100,\ x=\dfrac{3\times 100}{75}=4$

(2) $125\times 8=400\times x,\ x=\dfrac{125\times 8}{400}=\dfrac{5}{2}$

(3) $4\times 3.5=x\times 2,\ x=\dfrac{4\times 3.5}{2}=7$

(4) $\dfrac{2}{3}\times x=\dfrac{4}{5}\times 5,\ \dfrac{2}{3}x=4,$
　$x=4\times\dfrac{3}{2}=6$

5 解答 (1) -14　(2) 4　(3) $-\dfrac{1}{6}$
(4) 4　(5) 3

解説

　式を簡単にしてから，文字の値を代入する。

(1) $2(x-1)-3(2x-4)$
$=2x-2-6x+12=-4x+10$
$=-4\times 6+10=-24+10=-14$

(2) $a^2+ab-b^2=(-4)^2+(-4)\times 2-2^2$
$=16-8-4=4$

(3) $3x-y-2(x-y)$
$=3x-y-2x+2y=x+y$
$=\dfrac{1}{3}+\left(-\dfrac{1}{2}\right)=\dfrac{2}{6}-\dfrac{3}{6}=-\dfrac{1}{6}$

(4) $3x^2y\div x^3y\times(-2y)=-\dfrac{3x^2y\times 2y}{x^3y}$
$=-\dfrac{6y}{x}=-\dfrac{6\times(-2)}{3}=4$

(5) $(xy^2)^2\div(-xy^3)=x^2y^4\div(-xy^3)$
$=-\dfrac{x^2y^4}{xy^3}=-xy=-1\times(-3)=3$

6 解答 (1) $y=-\dfrac{x}{3}+\dfrac{4}{3}$　(2) $b=5a-15$
(3) $a=\dfrac{2S}{b}$　(4) $z=-2x+y$
(5) $h=\dfrac{V}{\pi r^2}$　(6) $b=\dfrac{2a+c-d}{2}$

解説

(1) $x+3y=4$　┐ x を移項する
$\quad 3y=-x+4$　┐ 両辺を 3 でわる
$\quad y=-\dfrac{x}{3}+\dfrac{4}{3}$　◄

(2) $a-\dfrac{b}{5}=3$　┐ a を移項する
$\quad -\dfrac{b}{5}=-a+3$　┐ 両辺に -5 をかける
$\quad b=5a-15$　◄

(3) $S=\dfrac{1}{2}ab$　┐ 両辺を入れかえる
$\quad \dfrac{1}{2}ab=S$　◄ 両辺に 2 をかける
$\quad ab=2S$　◄ 両辺を b でわる
$\quad a=\dfrac{2S}{b}$　◄

(4) $x=\dfrac{1}{2}(y-z)$　┐ 両辺に 2 をかける
$\quad 2x=y-z$　◄ $2x,\ -z$ を移項する
$\quad z=-2x+y$　◄

(5) $V=\pi r^2h$　┐ 両辺を入れかえる
$\quad \pi r^2h=V$　◄ 両辺を πr^2 でわる
$\quad h=\dfrac{V}{\pi r^2}$　◄

(6)
$$d=2(a-b)+c$$
$$2(a-b)+c=d$$ ← 両辺を入れかえる
$$2(a-b)=d-c$$ ← c を移項する
$$a-b=\dfrac{d-c}{2}$$ ← 両辺を2でわる
$$-b=\dfrac{d-c}{2}-a$$ ← a を移項する
$$b=-\dfrac{d-c}{2}+a$$ ← 両辺に -1 をかける
$$b=\dfrac{2a+c-d}{2}$$

(3)
$$x=\dfrac{m}{a+b}$$ ← 両辺に $a+b$ をかける
$$x(a+b)=m$$
$$a+b=\dfrac{m}{x}$$ ← 両辺を x でわる
$$b=\dfrac{m}{x}-a$$ ← a を移項する

⑤ 連立方程式

問題:29ページ

STEP 1 　基本の問題

1 解答 　(1)① $x=5,\ y=-1$
　　② $x=3,\ y=-3$
　(2)① $x=5,\ y=-1$
　　② $x=3,\ y=15$

解説

〈加減法による解き方〉

　1つの文字の係数の絶対値を等しくして，辺どうしを加えるかひく。

〈代入法による解き方〉

　一方の式を1つの文字について解き，他方の式に代入する。

(1)①
$$\begin{array}{r} x+y=4 \\ +)\ \ x-y=6 \\ \hline 2x\quad\ \ =10 \\ x=5 \end{array}$$

　これを上の式に代入して，

　$5+y=4,\ y=-1$

　②(上の式)－(下の式)×2 から，

　$7y=-21,\ y=-3$

　これを下の式に代入して，

　$x-2\times(-3)=9,\ x=3$

(2)①(上の式)を(下の式)に代入して，

　$3(-2y+3)+y=14,$

　$-6y+9+y=14,\ -5y=5,$

　$y=-1$

STEP 3 　ゆとりで合格の問題

1 解答 　(1) $x=-11$ 　(2) $-\dfrac{10}{9}$

(3) $b=\dfrac{m}{x}-a$

解説

(1) 両辺に 6 をかけると，

　$18x-6\left(x-\dfrac{1-3x}{2}\right)=2(x-4),$

　$18x-6x+3(1-3x)=2(x-4),$

　$18x-6x+3-9x=2x-8,\ x=-11$

(2) $(ab^2c)^3\times(-6b)^2\div ab^4c^4$

　$=a^3b^6c^3\times36b^2\div ab^4c^4$

　$=\dfrac{a^3b^6c^3\times36b^2}{ab^4c^4}=\dfrac{36a^2b^4}{c}$

　この式に文字の値を代入して，

　$\dfrac{36a^2b^4}{c}=36a^2b^4\div c$

　$=36\times\left(-\dfrac{1}{2}\right)^2\times\left(\dfrac{1}{3}\right)^4\div(-0.1)$

　$=36\times\dfrac{1}{4}\times\dfrac{1}{81}\div\left(-\dfrac{1}{10}\right)$

　$=36\times\dfrac{1}{4}\times\dfrac{1}{81}\times(-10)$

　$=-\dfrac{\overset{9}{\cancel{36}}\times\overset{1}{\cancel{10}}}{\underset{1}{\cancel{4}}\times\underset{9}{\cancel{81}}}=-\dfrac{10}{9}$

これを上の式に代入して，
$x=-2\times(-1)+3=5$

② (下の式)を(上の式)に代入して，
$5x-2\times5x=-15$,
$5x-10x=-15$, $-5x=-15$,
$x=3$
これを下の式に代入して，
$y=5\times3=15$

2 解答　(1) $x=-2$, $y=-4$
(2) $x=1$, $y=1$　(3) $x=3$, $y=5$
(4) $x=3$, $y=5$　(5) $x=5$, $y=3$
(6) $x=3$, $y=9$

解説

(1) (上の式)＋(下の式)から，
$4x=-8$, $x=-2$
これを下の式に代入して，
$-2-2y=6$, $-2y=8$, $y=-4$

(2) (上の式)－(下の式)×2 から，
$-7y=-7$, $y=1$
これを下の式に代入して，
$3x+2\times1=5$, $3x=3$, $x=1$

(3) (上の式)－(下の式)×2 から，
$-5x=-15$, $x=3$
これを下の式に代入して，
$3\times3+y=14$, $y=5$

(4) (下の式)を(上の式)に代入して，
$3x-2(2x-1)=-1$,
$3x-4x+2=-1$, $-x=-3$,
$x=3$
これを下の式に代入して，
$y=2\times3-1=5$

(5) (上の式)を(下の式)に代入して，
$2(3y-4)-y=7$, $6y-8-y=7$,
$5y=15$, $y=3$
これを上の式に代入して，
$x=3\times3-4=5$

(6) (上の式)を(下の式)に代入して，
$2x+3x=15$, $5x=15$, $x=3$
これを上の式に代入して，
$y=3\times3=9$

STEP **2** 合格力をつける問題

1 解答　(1) $x=-2$, $y=1$
(2) $x=2$, $y=-1$　(3) $x=-1$, $y=1$
(4) $x=-3$, $y=2$　(5) $x=2$, $y=-1$
(6) $x=-2$, $y=-1$

解説

(1) (上の式)－(下の式)から，
$4y=4$, $y=1$
これを下の式に代入して，
$2x-1=-5$, $2x=-4$, $x=-2$

(2) (上の式)×5＋(下の式)から，
$26x=52$, $x=2$
これを上の式に代入して，
$4\times2-y=9$, $y=-1$

(3) (上の式)×3－(下の式)から，
$11x=-11$, $x=-1$
これを上の式に代入して，
$2\times(-1)+3y=1$, $3y=3$,
$y=1$

(4) (上の式)×3＋(下の式)×2 から，
$13x=-39$, $x=-3$
これを下の式に代入して，
$2\times(-3)+3y=0$, $3y=6$,
$y=2$

(5) (上の式)を(下の式)に代入して，
$3x-7=-5x+9$, $8x=16$, $x=2$
これを上の式に代入して，
$y=3\times2-7=-1$

(6) (下の式)を(上の式)に代入して，
$2x+3(2x+1)=-13$,
$2x+6x+3=-13$, $8x=-16$,

$x=-2$

これを下の式に代入して,

$3y=2\times(-2)+1,\ 3y=-3,$

$y=-1$

2 解答 (1) $x=2,\ y=4$

(2) $x=0,\ y=-1$ (3) $x=5,\ y=-2$

(4) $x=6,\ y=4$

── 解説 ──

かっこをはずし,移項・整理する。

(1) 上の式のかっこをはずすと,

$3x-6y+5y=2,\ 3x-y=2\cdots①$

①×3+(下の式)から,

$7x=14,\ x=2$

これを①に代入して,

$3\times2-y=2,\ y=4$

(2) 下の式のかっこをはずすと,

$2x+8=7-y,$

$2x+y=-1\cdots①$

(上の式)-①から,

$-4y=4,\ y=-1$

これを①に代入して,

$2x-1=-1,\ 2x=0,\ x=0$

(3) 上の式のかっこをはずすと,

$3x+3y=5-2y,\ 3x+5y=5\cdots①$

下の式のかっこをはずすと,

$2x+y-5=x-2,$

$x+y=3\cdots②$

①-②×3から,

$2y=-4,\ y=-2$

これを②に代入して,

$x-2=3,\ x=5$

(4) 上の式のかっこをはずすと,

$2x-4y-3x+3y=-10,$

$-x-y=-10,\ x+y=10\cdots①$

下の式のかっこをはずすと,

$10x-5y-8x=-8,$

$2x-5y=-8\cdots②$

①×2-②から,

$7y=28,\ y=4$

これを①に代入して,

$x+4=10,\ x=6$

3 解答 (1) $x=4,\ y=1$

(2) $x=-1,\ y=\dfrac{10}{3}$ (3) $x=8,\ y=12$

(4) $x=2,\ y=3$ (5) $x=9,\ y=10$

(6) $x=-1,\ y=7$

── 解説 ──

両辺に分母の最小公倍数をかけて,係数を整数にする。

(1) (上の式)×2から,$x-2y=2\cdots①$

①+(下の式)から,$2x=8,\ x=4$

これを下の式に代入して,

$4+2y=6,\ 2y=2,\ y=1$

(2) (下の式)×6から,

$2x-3y=-12\cdots①$

(上の式)+①×2から,

$8x=-8,\ x=-1$

これを①に代入して,

$2\times(-1)-3y=-12,\ -3y=-10,$

$y=\dfrac{10}{3}$

(3) (上の式)×3から,

$9x-y=60\cdots①$

(下の式)×8から,

$x+2y=32\cdots②$

①×2+②から,$19x=152,\ x=8$

これを①に代入して,

$9\times8-y=60,\ y=12$

(4) (上の式)×3から,

$12x-2y=18\cdots①$

(下の式)×4から,$x+2y=8\cdots②$

①+②から,$13x=26,\ x=2$

これを②に代入して,

$2+2y=8$, $2y=6$, $y=3$

ミス対策 係数が整数の項にかけ忘れないようにしよう。

上の式の両辺に3をかけるとき，

$$4x-2y=6$$

正しくは$12x$　　　　正しくは18

とするミスに注意！

(5) （下の式）×6 から，

$4x+3y=66\cdots$①

（上の式）×2−① から，

$-5y=-50$, $y=10$

これを上の式に代入して，

$2x-10=8$, $2x=18$, $x=9$

(6) （上の式）×3 から，

$x+y-3x=9$, $-2x+y=9\cdots$①

（下の式）×2 から，

$x-y+2y=6$, $x+y=6\cdots$②

①−② から，$-3x=3$, $x=-1$

これを②に代入して，

$-1+y=6$, $y=7$

4 解答 (1) $x=1$, $y=-2$

(2) $x=4$, $y=-1$

解説

両辺に10をかけて，係数を整数にする。

(1) （上の式）×10 から，

$3x+4y=-5\cdots$①

①×2−（下の式）×3 から，

$23y=-46$, $y=-2$

これを①に代入して，

$3x+4\times(-2)=-5$, $3x=3$,

$x=1$

(2) （上の式）×10 から，

$7x-2y=30\cdots$①

（下の式）×10 から，

$-3x+4y=-16\cdots$②

①×2+② から，$11x=44$, $x=4$

これを①に代入して，

$7\times4-2y=30$, $-2y=2$, $y=-1$

5 解答 (1) $x=2$, $y=-2$

(2) $x=-3$, $y=3$ (3) $x=-1$, $y=-2$

解説

$A=B=C$ の形の連立方程式は，次の3つのいずれかの形に直す。

$$\begin{cases} A=B \\ A=C \end{cases} \quad \begin{cases} A=B \\ B=C \end{cases} \quad \begin{cases} A=C \\ B=C \end{cases}$$

(1) $\begin{cases} 3x+6y=-6 \\ -2x+y=-6 \end{cases}$ を解く。

（上の式）−（下の式）×6 から，

$15x=30$, $x=2$

これを下の式に代入して，

$-2\times2+y=-6$, $-4+y=-6$,

$y=-2$

(2) $\begin{cases} 3x-2y=-15 \\ 2x+y-12=-15 \end{cases}$ を解く。

下の式を整理して，

$2x+y=-3\cdots$①

（上の式）+①×2 から，

$7x=-21$, $x=-3$

これを①に代入して，

$2\times(-3)+y=-3$, $-6+y=-3$,

$y=3$

(3) $\begin{cases} 2x+y=3x-1 \\ 3x-1=5x+2y+5 \end{cases}$ を解く。

上の式を整理して，$-x+y=-1$,

$x-y=1\cdots$①

下の式を整理して，$-2x-2y=6$,

$x+y=-3\cdots$②

①+②から，$2x=-2$, $x=-1$

これを①に代入して，

$-1-y=1$, $-y=2$, $y=-2$

6 解答 (1) $x=4$, $y=-14$

(2) $x=2$, $y=-6$

解説

かっこをはずし，係数は整数にする。

(1) （上の式）×10 から，
$2x-3y=50\cdots$①
（下の式）×14 から，
$7x+4y=-28\cdots$②
①×4＋②×3 から，
$29x=116$, $x=4$
これを①に代入して，
$2\times4-3y=50$, $-3y=42$, $y=-14$

(2) 上の式から，$3x-30=8y-6x+36$,
$9x-8y=66\cdots$①
（下の式）×6 から，
$3(3x-y)=2(x-2y+4)$,
$9x-3y=2x-4y+8$,
$7x+y=8\cdots$②
①＋②×8 から，$65x=130$, $x=2$
これを②に代入して，
$7\times2+y=8$, $y=-6$

 STEP 3 **ゆとりで合格の問題**

1 **解答** (1) $x=1$, $y=4$
(2) $x=-4$, $y=6$

解説

(1) （下の式）を（上の式）に代入する。
$$\frac{x+1}{2}+\frac{(3x+1)-1}{3}=2,$$
$$\frac{x+1}{2}+\frac{3x}{3}=2,$$
$$\frac{x+1}{2}+x=2$$
両辺に 2 をかけて，
$x+1+2x=4$, $3x=3$, $x=1$
これを下の式に代入して，
$y=3\times1+1=4$

(2) $\begin{cases}\dfrac{3x-4y}{3}=5x-y+14 \\ \dfrac{2y+7x-32}{4}=5x-y+14\end{cases}$ を解く。

（上の式）×3 から，
$3x-4y=3(5x-y+14)$,
$3x-4y=15x-3y+42$,
$12x+y=-42\cdots$①
（下の式）×4 から，
$2y+7x-32=4(5x-y+14)$
$2y+7x-32=20x-4y+56$,
$13x-6y=-88\cdots$②
①×6＋②から，
$85x=-340$, $x=-4$
これを①に代入して，
$12\times(-4)+y=-42$,
$y=6$

6 関数

問題：**33**ページ

STEP 1 **基本の問題**

1 **解答** (1) $y=2x$ (2) 12 (3) (2, 1)
(4) (3, 6)

解説

(1) y が x に比例し，比例定数が a の
とき，$y=ax$ と表される。

(2) y が x に反比例し，比例定数が a
のとき，$y=\dfrac{a}{x}$ と表されるから，
$a=3\times4=12$

(3) 点(a, b)と x 軸について対称な
点の座標は，$(a, -b)$

(4) y 軸の正の方向に移動するとき，
x 座標は変わらない。

2 **解答** (1) $y=-4$ (2) $x=3$ (3) 3
(4) 3 (5) $y=2x+1$

(1) $y=-3x+2$ に $x=2$ を代入して、
$y=-3\times2+2=-6+2=-4$

(2) $y=2x-4$ に $y=2$ を代入して、
$2=2x-4$, $6=2x$, $x=3$

(3) x の増加量 $=3-1=2$
y の増加量
$=(3\times3+1)-(3\times1+1)$
$=10-4=6$

変化の割合$=\dfrac{y\text{の増加量}}{x\text{の増加量}}$ だから、

$\dfrac{6}{2}=3$

1次関数 $y=ax+b$ の変化の割合は、**一定で x の係数 a に等しい**。

(4) 直線 $y=ax+b$ の傾きは a, 切片は b

(5) $y=ax+b$ のグラフは、傾きが a, 切片が b の直線だから、
$y=2x+1$ になる。

STEP 2 合格力をつける問題

1 解答 (1)ア…12, イ…0,
ウ…-6, 比例定数…-3
(2)$y=-x$ (3)$y=-2$

(1) 比例の式だから、$y=ax$ として、
$x=-2$, $y=6$ を代入すると、
$6=-2a$
これより、$a=-3$
この比例の式は $y=-3x$ となる。
ア…$y=-3\times(-4)=12$
イ…$y=-3\times0=0$
ウ…$y=-3\times2=-6$

(2) y が x に比例するとき、$y=ax$ と表される。
この式に、$x=5$, $y=-5$ を代入

すると、$-5=a\times5$, $a=-1$ だから、
$y=-x$

(3) $y=ax$ に $x=-3$, $y=1$ を代入すると、$1=-3a$, $a=-\dfrac{1}{3}$
$y=-\dfrac{1}{3}x$ に $x=6$ を代入すると、
$y=-\dfrac{1}{3}\times6=-2$

2 解答 (1)ア…$-\dfrac{1}{3}$, イ…$\dfrac{1}{9}$,
比例定数…1 (2)$y=1$

(1) y は x に反比例するから、$xy=a$ として、$x=3$, $y=\dfrac{1}{3}$ を代入すると、
$a=3\times\dfrac{1}{3}=1$

ア…$-3y=1$ より、$y=-\dfrac{1}{3}$

イ…$9y=1$ より、$y=\dfrac{1}{9}$

(2) 比例定数は、$(-3)\times(-2)=6$
$y=\dfrac{6}{x}$ に $x=6$ を代入すると、
$y=\dfrac{6}{6}=1$

3 解答 (1)$(-2,\ 3)$ (2)$(2,\ -3)$
(3)$(2,\ 3)$ (4)$(3,\ 1)$

(1)～(3) 右の図
から、点A
$(-2,\ -3)$ と
x 軸について
対称な点の座
標は、$(-2,3)$ 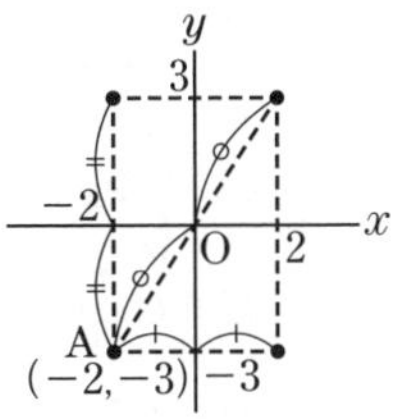
y 軸について対称な点は、$(2,\ -3)$
原点について対称な点は、$(2,\ 3)$

(4) 点A を右へ 5 だけ移動したとき、
x 座標は、$-2+5=3$
上へ 4 だけ移動したとき、

y 座標は，$-3+4=1$

miss ミス対策 簡単な図をかいて，符号を変える座標をまちがえないようにする。

x 軸について対称な点の x 座標は同じで，y 座標の符号が反対になる。「y 軸について対称」とまちがえるな‼

④ 解答 (1) 2　(2) $y=-2x+2$

(3) $b=-8$　(4) $a=-5$

(5) $y=-\dfrac{1}{2}x+6$　(6) $y=\dfrac{1}{3}x-3$

(7) $y=x-1$　(8) $y=-2x+3$

(9) $y=2x-3$，傾き…2，切片…-3

解説

(1) **y の増加量**
＝変化の割合 ×x の増加量

(2) $y=-2x+b$ とおき，$x=-1$，$y=4$ を代入すると，$4=-2\times(-1)+b$，
$4=2+b$，$b=2$

(3) $y=\dfrac{2}{3}x+b$ に $x=6$，$y=-4$ を代入して，$-4=\dfrac{2}{3}\times6+b$，
$-4=4+b$，$b=-8$

(4) $y=ax-3$ に $x=-2$，$y=7$ を代入して，$7=a\times(-2)-3$，
$7=-2a-3$，$2a=-10$，$a=-5$

(5) 直線の式を $y=-\dfrac{1}{2}x+b$ とおき，$x=6$，$y=3$ を代入して，
$3=-\dfrac{1}{2}\times6+b$，$3=-3+b$，$b=6$

(6) 傾きは $\dfrac{1}{3}$ だから，$y=\dfrac{1}{3}x+b$
$x=3$，$y=-2$ を代入すると，
$b=-3$
したがって，$y=\dfrac{1}{3}x-3$

(7) 直線の式を $y=ax+b$ とする。
この式に $x=3$，$y=2$ を代入する

と，$2=3a+b\cdots$①
$x=-1$，$y=-2$ を代入すると，
$-2=-a+b\cdots$②
①－②から，$4a=4$，$a=1$
①に $a=1$ を代入して，
$2=3\times1+b$，$b=-1$
よって，直線の式は，$y=x-1$

(8) 1次関数の式を $y=ax+b$ とする。
この式に $x=-2$，$y=7$ を代入すると，$7=-2a+b\cdots$①
$x=1$，$y=1$ を代入すると，
$1=a+b\cdots$②
①－②から，$-3a=6$，$a=-2$
②に $a=-2$ を代入して，
$1=-2+b$，$b=3$
よって，1次関数の式は，
$y=-2x+3$

(9) $2x-y=3$
$2x$ を移項すると，$-y=-2x+3$
両辺に -1 をかけると，$y=2x-3$

STEP 3 ゆとりで合格の問題

① 解答 (1) -1　(2) $a=4$

解説

(1) 直線の式を $y=ax+b$ とする。
この式に $x=-3$，$y=-3$ を代入すると，$-3=-3a+b\cdots$①
$x=1$，$y=5$ を代入すると，
$5=a+b\cdots$②
①－②から，$-4a=-8$，$a=2$
②に $a=2$ を代入して，
$5=2+b$，$b=3$
よって，直線の式は，$y=2x+3$
この式に $y=1$ を代入して，
$1=2x+3$，$-2=2x$，$x=-1$

(2) 点 P と原点について対称な点の座

標は$(3, -5)$

この直線の傾きは-2だから，式は$y=-2x+b$と表せる。

$y=-2x+b$に$x=3$，$y=-5$を代入すると，$-5=-2\times3+b$，$b=1$

よって，直線の式は，$y=-2x+1$

したがって，$y=-2x+1$に$x=a$

$y=-7$を代入すると，

$-7=-2\times a+1$，$-8=-2a$，

$a=4$

❼ 図形

S T E P 1 — 基本の問題

1 解答 線対称な図形…④，
点対称な図形…①

解説

線対称な図形

…1本の直線を折り目にして2つに折ったとき，その両側の部分がぴったり重なる図形。

対称の軸

点対称な図形

…1つの点のまわりに$180°$回転させたとき，もとの図形とぴったり重なる図形。

回転の中心

2 解答 (1)⑦ (2)⑨

解説

もとの図を，形を変えずに大きくした図を**拡大図**といい，形を変えずに小さくした図を**縮図**という。

(1) ⑦と同じ形で，辺の長さが同じ割合で拡大されている図だから，⑦

(2) ⑦と同じ形で，辺の長さが同じ割合で縮小されている図だから，⑨

3 解答 (1)$\angle a=110°$，$\angle b=70°$

(2)$\angle a=55°$，$\angle b=55°$

解説

(1) **一直線の角は$180°$**だから，

$\angle a+70°=180°$，

$\angle a=180°-70°=110°$

対頂角は等しいから，$\angle b=70°$

(2) 平行な2直線に1つの直線が交わるとき，同位角，錯角は等しい。

S T E P 2 — 合格力をつける問題

1 解答 (1)頂点Bに対応する点…イ，
頂点Cに対応する点…オ

(2)頂点Bに対応する点…オ，
頂点Cに対応する点…ア

解説

(1) 線対称な図形は，右の図のようになる。

(2) 点対称な図形は，右の図のようになる。

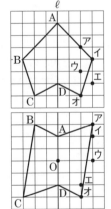

2 解答 (1)ウ

(2)頂点Aに対応する点…イ，
頂点Dに対応する点…オ

解説

(1) △DEF は，次の図のようになる。

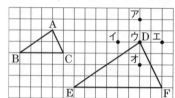

(2) 四角形 EFGH は，次の図のようになる。

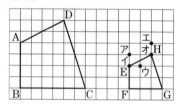

③ **解答**　(1) $\angle x = 77°$　(2) $\angle x = 53°$

解説

(1) **三角形の内角の和は 180°だから，**
$\angle x + 48° + 55° = 180°$
よって，
$\angle x = 180° - (48° + 55°) = 77°$

(2) **三角形の 1 つの外角は，それととなり合わない 2 つの内角の和に等しいから，** $\angle x + 57° = 110°$
よって，$\angle x = 110° - 57° = 53°$

④ **解答**　(1) $\angle x = 75°$　(2) $\angle x = 70°$

解説

(1) 右の図のように
$\ell /\!/ n /\!/ m$ となる
補助線 n をひく。
$\angle x = 25° + 50°$

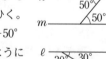

(2) 右の図のように
$\ell /\!/ p /\!/ q /\!/ m$ となる補助線 p, q をひく。

$\angle x = 30° + (60° - 20°) = 70°$

⑤ **解答**　(1) 1440°　(2) 八角形
(3) 正五角形

解説

(1) n 角形の内角の和は，
$\underline{180° \times (n-2)}$
十角形の内角の和は，
$180° \times (10-2) = 1440°$

(2) 求める多角形を n 角形とすると，
$180° \times (n-2) = 1080°$
よって，$n - 2 = 1080° \div 180° = 6$，
$n = 6 + 2 = 8$
したがって，八角形。

(3) 多角形の外角の和は，**360°**
求める正多角形を正 n 角形とすると，$360° \div n = 72°$
よって，$n = 360° \div 72° = 5$
したがって，正五角形。

STEP 3 — **ゆとりで合格の問題**

① **解答**　(1) $\angle x = 125°$　(2) $\angle x = 29°$

解説

(1) 右の図のように，
$\ell /\!/ n /\!/ m$ となる直線 n をひく。

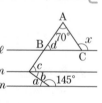

一直線の角は 180°から，
$\angle a + 145° = 180°$，
$\angle a = 180° - 145° = 35°$
$m /\!/ n$ で，錯角は等しいから，
$\angle b = \angle a = 35°$
$\angle b + \angle c = 90°$から，
$\angle c = 90° - \angle b = 90° - 35° = 55°$
$\ell /\!/ n$ で，同位角は等しいから，
$\angle d = \angle c = 55°$
△ABC で，三角形の内角と外角

の関係から，

$$\angle x = 70° + \angle d = 70° + 55° = 125°$$

(2) $\angle ABP = \angle PBC = \angle a$,

$\angle ACP = \angle PCD = \angle b$ とおく。

△ABC で，三角形の内角と外角の
関係から，$\angle A + \angle ABC = \angle ACD$ より，

$58° + 2\angle a = 2\angle b$, $2\angle b - 2\angle a = 58°$,

$\angle b - \angle a = 29°$

△PBC で，三角形の内角と外角の
関係から，$\angle P + \angle PBC = \angle PCD$ より，

$\angle x + \angle a = \angle b$, $\angle x = \angle b - \angle a = 29°$

⑧ データの活用，確率

問題：**41**ページ

STEP 1 ── 基本の問題

1 解答 (1) 5 m (2) 6 人 (3) 22.5 m

(4) 25 m 以上 30 m 未満の階級

── 解説 ──

(1) **階級**…データを整理するための区間。

階級の幅…区間の幅。

(2) **度数**…それぞれの階級に入って
いるデータの個数。

(3) **階級値**…度数分布表で，それぞれ
の階級の中央の値。

20 m 以上 25 m 未満の階級の階級

値は，$\dfrac{20 + 25}{2} = 22.5$(m)

(4) 最も大きい度数は，度数が 9 人の
25 m 以上 30 m 未満の階級。

2 解答 (1) 6 通り (2) 6 通り (3) $\dfrac{1}{3}$

(4) $\dfrac{3}{4}$ (5) $\dfrac{1}{4}$

── 解説 ──

(1) 下の図のように，6 通りある。

(2) 下の図のように，6 通りある。

A─B　　B─C　　C─D
 ├C　　 └D
 └D

ミス対策 A−B と B−A は同じ組み合
わせだから，重複して数えないように。

(3) 1 個のさいころを振ったとき，目
の出方は 6 通りある。3 の倍数の目
は，3 と 6 の 2 通りだから，求める

確率は，$\dfrac{2}{6} = \dfrac{1}{3}$

(4) 8 個の玉のうち，赤玉が 6 個はい
っているから，赤玉が出る確率は，

$\dfrac{6}{8} = \dfrac{3}{4}$

(5) 硬貨 A と B を投げるとき，起こ
りうる場合は全部で，(表，表)，
(表，裏)，(裏，表)，(裏，裏)の 4
通り。

このうち(裏，裏)は 1 通りだから，

求める確率は $\dfrac{1}{4}$

STEP 2 ── 合格力をつける問題

1 解答 (1) 24 通り (2) 24 通り

(3) 10 試合 (4) 15 通り

── 解説 ──

(1) A を 1 番目とす
ると，4 人の順番
は，右の図のよう
に 6 通り。

B，C，D が 1

番目のときもそれぞれ 6 通りずつあ
るから，全部で，$6 \times 4 = 24$(通り)

(2) 百の位を$\boxed{1}$とすると，3けたの整数は，右の図のように6通り。

$$\boxed{1}\begin{cases}2\begin{cases}3\\4\end{cases}\\3\begin{cases}2\\4\end{cases}\\4\begin{cases}2\\3\end{cases}\end{cases}$$

百の位が$\boxed{2}$，$\boxed{3}$，$\boxed{4}$
のときもそれぞれ6通りずつあるから，全部で，
$6\times4=24$（通り）

(3) A，B，C，D，E
5チームの試合数は，右の図の○の数だから，10試合。

	A	B	C	D	E
A		○	○	○	○
B			○	○	○
C				○	○
D					○
E					

(4) 支払う硬貨の枚数が，1枚，2枚，3枚，4枚の場合に分けて考える。

1枚の場合…10円，50円，100円，500円の4通り。

2枚の場合…60円，110円，510円，150円，550円，600円の6通り。

3枚の場合…160円，560円，610円，650円の4通り。

4枚の場合…660円の1通り。

よって，$4+6+4+1=15$（通り）

 2 **解答** (1)**8通り** (2)$\dfrac{1}{8}$ (3)$\dfrac{3}{8}$ (4)$\dfrac{7}{8}$

解説

(1) 下の図のように，表と裏の出方は，全部で8通りある。

A　　B　　C　　　　A　　B　　C

$$表\begin{cases}表\begin{cases}表\\裏\end{cases}\\裏\begin{cases}表\\裏\end{cases}\end{cases}\quad 裏\begin{cases}表\begin{cases}表\\裏\end{cases}\\裏\begin{cases}表\\裏\end{cases}\end{cases}$$

(2) 3枚とも表が出る場合の数は1通りだから，求める確率は$\dfrac{1}{8}$

(3) 1枚が表で，2枚が裏が出る場合の数は3通りだから，求める確率は$\dfrac{3}{8}$

(4) 3枚とも裏が出る確率は$\dfrac{1}{8}$だから，求める確率は，$1-\dfrac{1}{8}=\dfrac{7}{8}$

3 **解答** (1)**36通り** (2)$\dfrac{1}{6}$ (3)$\dfrac{5}{18}$
(4)$\dfrac{1}{4}$

解説

(1) 右の表から2つのさいころの目の出方は，全部で，$6\times6=36$（通り）

(2) 出る目の数の和が7になるのは，右の図の■の場合の6通りだから，求める確率は，
$\dfrac{6}{36}=\dfrac{1}{6}$

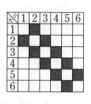

(3) 出る目の数の差が1になるのは，右の図の■の場合の10通りだから，求める確率は，
$\dfrac{10}{36}=\dfrac{5}{18}$

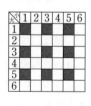

(4) 出る目の数の積が奇数になるのは，右の図の■の場合の9通りだから，求める確率は，
$\dfrac{9}{36}=\dfrac{1}{4}$

4 **解答** (1)**6通り** (2)$\dfrac{2}{3}$ (3)$\dfrac{1}{3}$

解説

(1) 2個の赤玉を❶，❷，2個の白玉を③，④とすると，2個の玉の取り

出し方は全部で6通りある。

(2) 1個が赤玉で，1個が白玉である
取り出し方は4通りだから，求める
確率は，$\dfrac{4}{6}=\dfrac{2}{3}$

(3) 2個とも赤玉である取り出し方は
1通り，2個とも白玉である取り出
し方は1通りだから，2個とも同じ
色である取り出し方は2通り。

　よって，求める確率は，$\dfrac{2}{6}=\dfrac{1}{3}$

5 解答　(1) 0.5秒　(2) 35人
(3) 8.75秒

解説

(1) 区間の幅だから，7.5−7.0=0.5(秒)

(2) 2+5+7+9+8+4=35(人)

(3) (8.5+9.0)÷2=8.75(秒)

6 解答　(1) $x=13$　(2) 25分　(3) 36%

解説

(1) 度数の合計は50人だから，
6+12+14+x+5=50
x=50−(6+12+14+5)=13(人)

(2) 度数が最も大きい階級は，20分
以上30分未満の階級だから，この
階級の階級値は，$\dfrac{20+30}{2}=25$(分)

(3) 30分以上の生徒の人数は，
13+5=18(人)だから，
18÷50×100=36(%)

7 解答　(1) 6.5点　(2) 7点　(3) 8点

解説

(1) 中央値は，10番目と11番目の得
点の平均値である。10番目の得点は
6点，11番目の得点は7点だから，

中央値は，$\dfrac{6+7}{2}=6.5$(点)

(2) 最も多いデータの個数は7点の4
個だから，最頻値は7点。

(3) **範囲＝最大値−最小値**だから，
10−2=8(点)

8 解答　イ，エ

解説

ア　最小値は左のひげの左端の値だか
ら，最低点は2点。

イ　最大値は右のひげの右端の値だか
ら，最高点は10点。

ウ　この箱ひげ図から平均値はわから
ない。箱の中の縦線は中央値。

エ　範囲＝最大値−最小値だから，
10−2=8(点)

ⓈⓉⒺⓅ-3 　ゆとりで合格の問題

1 解答　(1) $\dfrac{1}{9}$　(2) $\dfrac{1}{3}$　(3) $\dfrac{1}{3}$

解説

(1) Aの出し方はグーの1通りで，B
とCはそれぞれグー，チョキ，パ
ーの3通りだから，3×3=9(通り)
Aだけが勝つのはBとCがチョキ
の1通りだから，求める確率は$\dfrac{1}{9}$

(2) 2人が勝つのは，(A，B，C)で表
すと，(グー，グー，チョキ)，(グ
ー，チョキ，グー)，(グー，パー，
パー)の3通りだから，求める確率
は，$\dfrac{3}{9}=\dfrac{1}{3}$

(3) 3人があいこになるのは，
(グー，チョキ，パー)，(グー，パー，
チョキ)，(グー，グー，グー)の3通
りだから，求める確率は，$\dfrac{3}{9}=\dfrac{1}{3}$

解
答

❶次　計算技能

① 数量に関する問題

問題:49ページ

STEP 1 ── 基本の問題

1 解答　(1) 42 m　(2) 5 人

解説

(1) 下の図から，人の間のあきは，

$$15-1=14(個)$$

あるから，両端の人の間は，

$$3×14=42(m)$$

離れている。

|←3 m→|←3 m→| ……… |←3 m→|←3 m→|
① ② ③ ⑬ ⑭ ⑮
└1┘└2┘└ ┘ └13┘└14┘

(2) のべ日数＝日数 × 人数

だから，

$$35÷7=5(人)$$

2 解答　(1) 252 人　(2) 1500 円
(3) 240 ページ

解説

(1) むし歯のある人の人数は，

$$720×0.65=468(人)$$

むし歯のない人の人数は，

$$720-468=252(人)$$

(2) **定価＝仕入れ値＋利益**　から，

$$1250+1250×0.2$$
$$=1250+250=1500(円)$$

(3) 残っているページ数 150 ページは

全体の $1-\dfrac{3}{8}=\dfrac{5}{8}$ だから，全体のペ

ージ数は，

$$150÷\dfrac{5}{8}=150×\dfrac{8}{5}=240(ページ)$$

3 解答　(1) 56.8 kg　(2) 166 cm

解説

(1) **平均体重＝体重の合計÷人数**

だから，5 人の平均体重は，

$$(52+57+53+60+62)÷5$$
$$=284÷5=56.8(kg)$$

(2) **身長の合計＝平均身長×人数**

だから，6 人の身長の合計は，

$$161×6=966(cm)$$

たけし君を除いた 5 人の身長の合

計は，$160×5=800(cm)$

たけし君の身長は，

$$966-800=166(cm)$$

miss ミス対策　**身長の合計の値を求める。**

平均値と人数がわかっているから，

6 人の身長の合計と 5 人の身長の合計

がそれぞれ求められることに着目。

4 解答　(1) 7 個
(2)① $210=2×3×5×7$
② $360=2^3×3^2×5$

解説

(1) 絶対値が 4 より小さい整数は，

$$-3，-2，-1，0，1，2，3 の 7 個。$$

(2) **素因数分解の手順**

❶ 小さい素数から順にわっていく。

❷ 商が素数になったらやめる。

❸ わった数と最後の商との積の形

で表す。

①　2)210　　②　2)360
　　3)105　　　　2)180
　　5) 35　　　　2) 90
　　　　7　　　　3) 45
　　　　　　　　3) 15
　　　　　　　　　　5

STEP ② 合格力をつける問題

① 解答 (1) $7a$ (2) $\dfrac{11}{6}t$ km

(3) 15 秒後 (4) 1538 ドル

解説

(1) $20 \times 35 = 700\,(\text{m}^2)$

1a $= 100\,\text{m}^2$ だから， $7a$

(2) 時速 110 km を分速に直すと，

$110 \div 60 = \dfrac{110}{60} = \dfrac{11}{6}\,(\text{km/分})$

よって， t 分間に進む道のりは，

$\dfrac{11}{6} \times t = \dfrac{11}{6}t\,(\text{km})$

(3) **時間 ＝ 距離 ÷ 速さ** だから，ゆ

れ始める時間は， $96 \div 6.4 = 15\,(\text{秒後})$

(4) $200000 \div 130 = 1538.4\cdots$

小数第 1 位を四捨五入して， 1538

ドル。

② 解答 ④

解説

① 代金 ＝ 1 個の値段 × 個数

だから， $y = 60x$

② 本のページ数 － 読んだページ数

＝ 残りのページ数

だから， $x - y = 60$ より， $y = x - 60$

③ かかる時間 ＝ 道のり ÷ 速さ

だから， $y = 60 \div x = \dfrac{60}{x}$

④ 長方形のまわりの長さ

＝（縦の長さ ＋ 横の長さ）×2

だから， $120 = (x+y) \times 2$ ，

$x + y = 60$ ， $y = 60 - x$

③ 解答 (1) $6:5$

(2) 男子 63 人，女子 72 人

解説

(1) $150 : 125 = (150 \div 25) : (125 \div 25)$

$= 6 : 5$

(2) 男子の人数と 3 年生全体の人数の

比は， $7 : (7+8) = 7 : 15$

男子の人数を x 人とすると，

$x : 135 = 7 : 15$

これを解くと， $15x = 135 \times 7$ ，

$x = \dfrac{135 \times 7}{15} = 63\,(\text{人})$

女子の人数は， $135 - 63 = 72\,(\text{人})$

④ 解答 7

解説

252 を素因数分解すると，

$252 = 2^2 \times 3^2 \times 7$

$$\begin{array}{r} 2\,)\,\underline{2\,5\,2} \\ 2\,)\,\underline{1\,2\,6} \\ 3\,)\,\underline{6\,3} \\ 3\,)\,\underline{2\,1} \\ 7 \end{array}$$

これを（正の整数）^{2} にす

るには，それぞれの素因数

の指数を偶数にすればよいから，

$(2^2 \times 3^2 \times 7) \times 7 = 2^2 \times 3^2 \times 7^2$

$= (2 \times 3 \times 7)^2 = 42^2$ とすればよい。

よって，かける正の整数は 7

⑤ 解答 (1) 30 万本 (2) $\dfrac{100}{107}a$ 人

解説

(1) 30 日間に消費される牛乳パックは，

1500 万 $\times 30 = 45000$ 万（枚）

1 本の立ち木から牛乳パックは

$9000 \div 6 = 1500$ （枚）

できるから，必要な立ち木は，

45000 万 $\div 1500 = 30$ 万（本）

(2) 今年の生徒数

＝ 昨年の生徒数 $\times \left(1 + \dfrac{7}{100}\right)$

＝ 昨年の生徒数 $\times \dfrac{107}{100}$

だから，昨年の生徒数は，

$a \div \dfrac{107}{100} = a \times \dfrac{100}{107} = \dfrac{100}{107}a\,(\text{人})$

miss ミス対策 昨年度より 7% 増えたことを

忘れるな!!

割合の問題では，基準になっている数量に注意する。7%増えたから，昨年は今年より7%減ったと考えるミスをしないようにする。

6 解答 (1)51点　(2)8点　(3)62点

解説

(1)　$60+(-9)=60-9=51$（点）

(2)　$(+5)-(-3)=5+3=8$（点）

(3)　**平均＝基準の点数＋基準との差の平均** で求められる。

　　5人の基準との差の平均は，
$$\{(+8)+(+5)+(-9)+(-3)+(+9)\}\div5=10\div5=2（点）$$

　　したがって，5人の点数の平均は，
$$60+2=62（点）$$

【別解】　A…68点，　B…65点，
C…51点，D…57点，E…69点
だから，5人の点数の平均は，
$$(68+65+51+57+69)\div5$$
$$=310\div5=62（点）$$

STEP 3 ゆとりで合格の問題

1 解答　(1)$(x,\ y,\ z)=(-1,\ 0,\ -2)$，
$(-1,\ 0,\ -3)$，$(-2,\ 0,\ -3)$

(2)① $\dfrac{1}{x}<x<x^3<x^2$

　　② $x^3<x^2<x<\dfrac{1}{x}$

解説

(1)　①から，x，y，zは，
　　-3，-2，-1，0，1，2，3
のいずれかである。
　　$x\times y=0$，$x\times z>0$ から，$y=0$
　　$x\times z>0$，$x+z<0$ から，x，zはともに負の数で，$x-z>0$ から，xの絶対値はzの絶対値より小さいから，
　　$x=-1$ のとき，$z=-2$，-3

$x=-2$ のとき，$z=-3$
$x=-3$ のとき，対応するzはない。

(2)①　負の数は絶対値が大きいほど小さいから，$-1<x<0$ のとき
$$\frac{1}{x}<x<x^3<0$$
また，$x^2>0$

②　$0<x<1$ のとき，xの逆数は1より大きいから，$x<\dfrac{1}{x}$

②　方程式の問題

問題:**55**ページ

STEP 1　基本の問題

1 解答　(1)4　(2)5本
(3)方程式…$40x=60(x-1)$
往復にかかった時間…5時間
(4)120 g　(5)4年前　(6)27人

解説

(1)　ある数をxとすると，
　　$3x-2=10$
　　これを解いて，$3x=12$，$x=4$

(2)　ジュースの代金 ＋ パンの代金
＝ 代金の合計
　　ジュースをx本買ったとすると，
$120x+180\times2=960$
　　これを解いて，$120x+360=960$，
$120x=600$，$x=5$

(3)　**道のり＝速さ×時間**
　　行きにかかった時間をx時間とすると，帰りにかかった時間は$(x-1)$時間だから，
　　$40x=60(x-1)$
　　これを解いて，$40x=60x-60$，
　　$-20x=-60$，$x=3$
　　したがって，往復にかかった時間は，

$3+(3-1)=5$(時間)

(4) 食塩水に水を加える前とあとで食塩の重さは変わらない。

食塩の重さ＝食塩水の重さ×濃度

加える水の重さを x g とすると，

$$600×\frac{12}{100}=(600+x)×\frac{10}{100}$$

これを解くと，$7200=6000+10x$，

$1200=10x$，$x=120$

(5) x 年後に父の年齢が子どもの年齢の 4 倍になるとすると，

$$44+x=4(14+x)$$

これを解くと，$44+x=56+4x$，

$-3x=12$，$x=-4$

-4 年後ということは 4 年前ということ。

(6) **男子の平均点×男子の人数**
   ＋ 女子の平均点×女子の人数
   ＝ 全体の平均点×全体の人数

男子の人数を x 人とすると，女子の人数は $45-x$(人) と表せるから，

$$70x+75(45-x)=72×45$$

これを解くと，

$$70x+75×45-75x=72×45$$

$$-5x=-45×3,\ x=27$$

2 解答 (1) $\begin{cases} x+y=13 \\ 10y+x=10x+y+45 \end{cases}$

(2) 49

解説

(1) もとの数は，$10x+y$

入れかえた数は，$10y+x$

各位の数の和が 13 から，

$x+y=13$ ……①

入れかえた数は，もとの数より 45 大きいから，

$10y+x=10x+y+45$ ……②

(2) ②から，$9x-9y=-45$

$x-y=-5$ ……②′

①＋②′から，$2x=8$，$x=4$

①に代入して，$4+y=13$，$y=9$

したがって，もとの数は 49

1 解答 (1) $6x+10=7x-6$

(2) 106 枚

解説

(1) 折り紙の総数を 2 通りに表す。

6 枚ずつ配ると 10 枚余るから，

$6x+10$(枚)

7 枚ずつ配ると 6 枚たりないから，

$7x-6$(枚)

だから，$6x+10=7x-6$ ……①

(2) ①から，$-x=-16$，$x=16$

折り紙の総数は，

$6×16+10=106$(枚)

2 解答 (1) $\begin{cases} x+y=12 \\ 70x+120y=1090 \end{cases}$

(2) 鉛筆…7 本，ボールペン…5 本

解説

(1) 本数の合計は 12 本だから，

$x+y=12$ ……①

代金の合計から，

$70x+120y=1090$ ……②

(2) ②÷10 から，$7x+12y=109$ …②′

②′−①×7 から，$5y=25$，$y=5$

これを①に代入して，

$x+5=12$，$x=7$

3 解答 (1) $\begin{cases} 4x+5y=40 \\ 820x+900y=7700 \end{cases}$

(2) 4 人乗り…5 台，5 人乗り…4 台

解説

(1) 4 人乗りに乗った人…$4x$ 人

解答 ❷次 数理技能

5人乗りに乗った人…$5y$ 人

だから，人数の関係から，

$4x+5y=40$ ……①

4人乗りの料金の合計…$820x$ 円

5人乗りの料金の合計…$900y$ 円

だから，払った料金の関係から，

$820x+900y=7700$ ……②

(2) ②$\div 20$ から，

$41x+45y=385$ ……②′

②′$-$①$\times 9$ から，$5x=25$，$x=5$

これを①に代入して，

$4\times 5+5y=40$，$y=4$

4 解答　(1) $\begin{cases} x=\dfrac{2}{3}y \\ x+y-3+30=42 \end{cases}$

(2) 兄のいる生徒…6 人

　姉のいる生徒…9 人

解説

(1) 右のように図に表してみる。

クラスの人数(42人)

兄も姉もいない(30人)

兄がいる(x人)　姉がいる(y人)

兄も姉もいる(3人)

兄のいる生徒は姉のいる生徒の $\dfrac{2}{3}$ 倍だから，$x=\dfrac{2}{3}y$ ……①

兄か姉のどちらかがいるのは，

$x+y-3($人$)$

クラスの人数

＝兄か姉のどちらかがいる生徒数

　＋兄も姉もいない生徒数

だから，$x+y-3+30=42$ ……②

(2) ②から，$x+y=15$ ……②′

②′に①を代入すると，$\dfrac{2}{3}y+y=15$

$5y=45$，$y=9$

①に代入して，$x=\dfrac{2}{3}\times 9=6$

5 解答　(1) $\begin{cases} x+y=50 \\ \dfrac{x}{40}+\dfrac{y}{60}=1\dfrac{1}{15} \end{cases}$

(2) A 地と B 地の間…28 km

　B 地と C 地の間…22 km

解説

(1) 道のりの関係から，$x+y=50$

A 地から B 地まで行くのにかかる時間は，$\dfrac{x}{40}$ 時間，B 地から C 地まで行くのにかかる時間は，$\dfrac{y}{60}$ 時間だから，$\dfrac{x}{40}+\dfrac{y}{60}=1\dfrac{4}{60}$

(2) $\begin{cases} x+y=50 & \cdots① \\ \dfrac{x}{40}+\dfrac{y}{60}=1\dfrac{4}{60} & \cdots② \end{cases}$

②の両辺に 120 をかけて整理すると，$3x+2y=128\cdots$②′

①$\times 2-$②′ から，

$-x=-28$，$x=28$

①に $x=28$ を代入すると，

$28+y=50$，$y=22$

STEP 3　ゆとりで合格の問題

1 解答　(1) $\begin{cases} 2a+3b=19 \\ 4b+c=20 \\ 2a+c=6b \end{cases}$

(2) A…5%，B…3%，C…8%

解説

(1) 混ぜる前とあとで，食塩の重さは変わらない。

食塩の重さ＝食塩水の重さ×濃度

A 200 g と B 300 g を混ぜると，

$200\times\dfrac{a}{100}+300\times\dfrac{b}{100}=500\times\dfrac{3.8}{100}$

だから，$2a+3b=19$ $\cdots①$

B 400 g と C 100 g を混ぜると，

$400 \times \dfrac{b}{100} + 100 \times \dfrac{c}{100} = 500 \times \dfrac{4}{100}$

だから，$4b + c = 20$ …②

A 200 g に C 100 g と水 300 g を混ぜると，

$200 \times \dfrac{a}{100} + 100 \times \dfrac{c}{100} = 600 \times \dfrac{b}{100}$

だから，$2a + c = 6b$ …③

(2) ②－③から，$-2a + 10b = 20$ …④

①＋④から，$13b = 39$，$b = 3$

これを①に代入して，

$2a + 3 \times 3 = 19$，$a = 5$

$b = 3$ を②に代入して，

$4 \times 3 + c = 20$，$c = 8$

③ 関数の問題

問題：**61** ページ

S T E P **①** ── **基本の問題**

① 解答　⑤

── 解説 ────────────

① 同じ身長の人でも体重はちがう。

② **長方形の面積＝縦×横**

だから，周の長さが同じでも面積が等しいとはかぎらない。

③ 学習時間とテストの点数との間に特定の関係はない。

④ 乗車距離 y km が決まれば，タクシー料金 x 円は決まるが，料金が決まっても距離にはばがあるから，y は x の関数ではない。

⑤ 通話時間が決まれば通話料金は決まるから，y は x の関数である。

ミスミス対策 関数の意味をしっかりつかもう。

x の値が決まると y の値が 1 つに決まるとき，y は x の関数であるという。

② 解答　(1) $y = 3x - 5$　(2) $y = 2x - 1$

(3) $y = x + 1$　(4) $x = 4$　(5) $a = -5$

── 解説 ────────────

(1) 求める直線は傾きが 3 だから，その式は $y = 3x + b$ とおける。

この式に $x = 2$，$y = 1$ を代入すると，$1 = 3 \times 2 + b$，$1 = 6 + b$，$b = -5$

よって，式は，$y = 3x - 5$

(2) 求める直線の式を $y = ax + b$ とおく。

この式に $x = 1$，$y = 1$ を代入すると，$1 = a + b$…①

$x = 3$，$y = 5$ を代入すると，

$5 = 3a + b$…②

①，②を連立方程式として解くと，

$a = 2$，$b = -1$

よって，式は，$y = 2x - 1$

(3) **平行な直線の傾きは等しい**から，求める直線の式は $y = x + b$ とおける。

この式に $x = -3$，$y = -2$ を代入すると，$-2 = -3 + b$，$b = 1$

よって，式は，$y = x + 1$

(4) 2点 $(4, 6)$，$(4, -3)$ を通る直線は，右の図のように，y 軸に平行な直線になる。

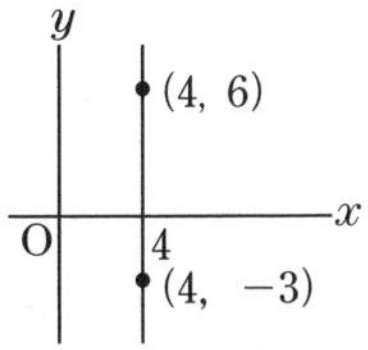

(5) 求める直線は傾きが -2 だから，その式は $y = -2x + b$ とおける。

この式に $x = -1$，$y = -2$ を代入すると，$-2 = -2 \times (-1) \times b$，

$-2 = 2 + b$，$b = -4$

よって，式は，$y = -2x - 4$

したがって，$y = -2x - 4$ に $x = a$，$y = 6$ を代入すると，$6 = -2a - 4$，

$10=-2a$, $a=-5$

3 解答 (1) $y=-4x+140$

(2) 15分後

─ 解説 ─

(1) 水槽の中の水の量
= はじめの水の量−排出した水の量
表から，1分間に 4 L ずつの水を
排出するから，$y=140-4x$

(2) $y=-4x+140$ に $y=80$ を代入して，$80=-4x+140$
これを解くと，$4x=60$，$x=15$

STEP 2 合格力をつける問題

1 解答 (1) $a=-\dfrac{4}{3}$ (2) $b=-48$

(3) $(3,\ -16)$

─ 解説 ─

(1) $y=ax$ に $x=-6$，$y=8$ を代入して，$8=a\times(-6)$，$a=-\dfrac{4}{3}$

(2) $y=\dfrac{b}{x}$ に $x=-6$，$y=8$ を代入して，$8=\dfrac{b}{-6}$，$b=-48$

(3) $y=-\dfrac{48}{x}$ に $x=3$ を代入して，$y=-\dfrac{48}{x}=-16$

2 解答 (1) 毎分 250 m (2) 10 分間

(3) 2 時 5 分 (4) $y=\dfrac{1}{10}x+2$

─ 解説 ─

(1) 傾きが速さを表す。
グラフから，家から公園までの距離は 5 km，かかった時間は 20 分だから，速さは，毎分 $\dfrac{5000}{20}=250(\text{m})$

(2) グラフから，10 分間。

(3) B君の家から公園まで 2 km だから，かかる時間は，$\dfrac{2000}{80}=25(\text{分})$

2 時 30 分 -25 分 $=2$ 時 5 分

(4) 求めるグラフの式を $y=ax+b$ とおく。
グラフは点 $(30,\ 5)$ を通るから，$5=30a+b$ ……①
グラフは点 $(50,\ 7)$ を通るから，$7=50a+b$ ……②
①，②を連立方程式として解くと，$a=\dfrac{1}{10}$，$b=2$

3 解答 3750 円

─ 解説 ─

使用量が $x\ \text{m}^3$ のときの料金を y 円とすると，y は x の 1 次関数だから，$y=ax+b$ $(21\leqq x\leqq 40)$ とおく。

$x=22$，$y=1800$ を代入すると，$1800=22a+b$ …①
$x=28$，$y=2700$ を代入すると，$2700=28a+b$ …②
①，②を連立方程式として解くと，$a=150$，$b=-1500$
$y=150x-1500$ に $x=35$ を代入すると，$y=150\times35-1500=3750$

4 解答 (1) A $(8,\ 6)$

(2) $y=-\dfrac{1}{2}x+10$

(3) ① B $(4,\ 0)$ ② 48

③ $y=-\dfrac{3}{2}x+18$

─ 解説 ─

(1) $y=\dfrac{3}{2}x-6$ に $x=8$ を代入して，$y=\dfrac{3}{2}\times8-6=6$
よって，A $(8,\ 6)$

(2) 直線 m は点 $(0,\ 10)$ を通るから，切片は 10

よって，直線 m の式は，
$y=ax+10$ とおける。

　この式に $x=8$，$y=6$ を代入して，
$6=a\times 8+10$，$a=-\dfrac{1}{2}$

　したがって，式は，$y=-\dfrac{1}{2}x+10$

(3)① $y=\dfrac{3}{2}x-6$ に $y=0$ を代入して，
$0=\dfrac{3}{2}x-6$，$x=4$

　　よって，B$(4,\ 0)$

② $y=-\dfrac{1}{2}x+10$ に $y=0$ を代入し

て，$0=-\dfrac{1}{2}x+10$，$x=20$

　　よって，C$(20,\ 0)$

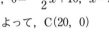

　したがって，
$$\triangle ABC=\dfrac{1}{2}\times(20-4)\times 6=48$$

③ 点 A を通り $\triangle ABC$ の面積を 2 等分する直線は，線分 BC の中点を通る。線分 BC の中点を M とすると，M の座標は，
$$M\left(\dfrac{4+20}{2},\ 0\right)\text{より，}\ M(12,\ 0)$$

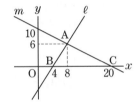

　求める直線の式を $y=ax+b$ とおく。

直線は点 A$(8,\ 6)$ を通るから，
$6=8a+b$　……①

直線は点 M$(12,\ 0)$ を通るから，
$0=12a+b$　……②

①，②を連立方程式として解く

と，$a=-\dfrac{3}{2}$，$b=18$

　よって，求める直線の式は，
$$y=-\dfrac{3}{2}x+18$$

S T E P 3　ゆとりで合格の問題

1 解答　$m=\dfrac{11}{10}$

解説

下の図から，
$$\triangle CDO=6,\quad \triangle COB=15,$$
$$\triangle BOA=6$$
だから，
　五角形 $OABCD=6+15+6=27$

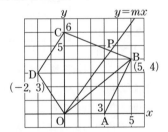

　四角形 OABP
$=\triangle POB+\triangle BOA$　だから，
$$27\times\dfrac{1}{3}=\triangle POB+6$$

　よって，$\triangle POB=3$

　また，$\triangle COB=\triangle COP+\triangle POB$
だから，
　$15=\triangle COP+3$，$\triangle COP=12$

点 P の座標を，P$(p,\ q)$ とすると，
$$\triangle COP=\dfrac{1}{2}\times 6\times p$$

$12=3p, \quad p=4$

直線 CB の式は，$y=-\dfrac{2}{5}x+6$

だから，点 P の y 座標は，

$q=-\dfrac{2}{5}\times4+6, \quad q=\dfrac{22}{5}$

点 P は直線 $y=mx$ 上の点だから，

$\dfrac{22}{5}=m\times4, \quad m=\dfrac{11}{10}$

④ 平面図形の問題

問題:**67**ページ

STEP 1 基本の問題

1 解答　(1) △GOF

(2) △GOH，△EOF，△COD

解説

(1) 右の図から，
A が G に，B
が F に移動す
る。

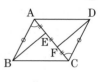

(2) 点 O を中
心として時計
の針の向きに回転移動させる。
　　回転の角が 90° のとき，△GOH
　　回転の角が 180° のとき，△EOF
　　回転の角が 270° のとき，△COD
に重ねられる。

ミス対策 回転の角の大きさは 90° の倍
数になっていることに注意！

AO=GO=EO=CO

だから，点 O を中心として辺 AO を
回転移動したときに重なる辺は，辺
GO，EO，CO だけである。

2 解答　(1) △ABE と △CDF

(2) 2 組の辺とその間の角がそれぞれ
等しい

解説

平行四辺形の
対辺の長さは等
しい。また，平
行な 2 直線の錯
角は等しい。

(証明)　△ABE と △CDF において，
　仮定から，AE=CF　　……①
　平行四辺形の対辺だから，
　　　AB=CD　　　　　　……②
　AB//DC だから，錯角が等しく，
　　　∠BAE=∠DCF　　……③
①，②，③から，2 組の辺とその間
の角がそれぞれ等しいので，
　　　△ABE≡△CDF
合同な図形の対応する角の大きさは
等しいから，
　　　∠ABE=∠CDF

3 解答　(1)弧 AB の長さ…$\dfrac{3}{2}\pi$ cm，

面積…$\dfrac{9}{2}\pi$ cm²

(2)弧 AB の長さ…8π cm，

面積…40π cm²

解説

半径 r，中心角 $a°$ のおうぎ形の弧の
長さを ℓ，面積を S とすると，

$$\ell=2\pi r\times\dfrac{a}{360}, \quad S=\pi r^2\times\dfrac{a}{360}$$

(1)　弧 AB の長さは，

$2\pi\times6\times\dfrac{45}{360}=\dfrac{3}{2}\pi$(cm)

面積は，

$\pi\times6^2\times\dfrac{45}{360}=\dfrac{9}{2}\pi$(cm²)

(2)　弧 AB の長さは，

$2\pi\times10\times\dfrac{144}{360}=8\pi$(cm)

面積は，

$$\pi \times 10^2 \times \frac{144}{360} = 40\pi \, (\text{cm}^2)$$

STEP 2 合格力をつける問題

1 解答 (1) ①, ③, ⑤, ⑥, ⑦, ⑧, ⑨
(2) ⑤, ⑥, ⑦, ⑨

解説

(1), (2) 点線は対称の軸で，黒丸は対称の中心である。

① ②

③ ④

⑤ ⑥

⑦ ⑧

⑨ 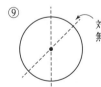 対称の軸は
無数にある

2 解答 (1) 15cm (2) 4.5km

解説

(1) **縮図上の長さ＝実際の長さ×縮尺**
750 m＝75000 cm だから，

$$75000 \times \frac{1}{5000} = 15 \, (\text{cm})$$

(2) **縮尺＝縮図上の長さ÷実際の長さ**
1 km＝1000 m＝100000 cm だから，この地図の縮尺は，

$$4 \div 100000 = \frac{1}{25000}$$

実際の長さは縮図上の長さの25000 倍だから，

$$18 \times 25000 = 450000 \, (\text{cm})$$

450000 cm＝4500 m＝4.5 km

3 解答 下の図の点P

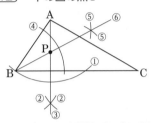

※解答欄に①～⑥の番号は不要

解説

(作図の手順)
① 頂点 A を中心として辺 BC と交わる円をかく。
② ①でかいた円と辺 BC との2つの交点を中心とする円をかき，2つの円の交点をとる。
③ 頂点 A と②でとった交点を通る直線をかく。
④ 頂点 B を中心とする円をかき，辺AB，BC との交点をとる。
⑤ ④でとった2つの交点を中心とする円をかく。
⑥ 頂点 B と⑤でとった交点を通る直線をかく。

4 解答 (1) 30° (2) △DCP
(3) 〔例〕
△ABP と △DCP は合同である。
合同な三角形の対応する辺の長さ

は等しいので，AP＝DP

したがって，△APD は 2 辺が等

しくなるので二等辺三角形である。

(1) ∠ABP＝∠ABC－∠PBC

   ＝90°－60°＝30°

(2) (1)と同様に，∠DCP＝30°

   AB＝DC，PB＝PC，

   ∠ABP＝∠DCP

   2 組の辺とその間の角が等しいので，

   △ABP≡△DCP

(3) (2)より，AP＝DP

5 解答　(1) 64°　(2) 52°

解説

(1) 下の図で，

   ∠AEB＝90°－38°＝52°

   ∠DEF＝∠BEF から，

   ∠DEF＝(180°－52°)÷2＝64°

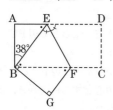

(2) 上の図で，

   AE∥BC から，∠EBF＝∠AEB

   BE∥GF から，∠BFG＝∠EBF

   だから，∠BFG＝∠AEB＝52°

ミス対策 折り重ねた図の性質をしっか

りつかむ。

   辺 DE は EF を折り目として，BE

に重なるから，∠DEF＝∠BEF

また，紙は長方形だから，

   AD∥BC，AB∥DC，BE∥GF

であることから，平行線の性質が使え

ることも忘れるな!!

6 解答　(1) (6π＋8) cm　(2) 12π cm²

(1) 弧 AB の長さは，

   $2\pi \times 8 \times \dfrac{90}{360} = 4\pi$(cm)

   弧 CD の長さは，

   $2\pi \times 4 \times \dfrac{90}{360} = 2\pi$(cm)

   色をぬった部分の周の長さは，

   $4\pi + 2\pi + 4 \times 2 = 6\pi + 8$(cm)

(2) おうぎ形 OAB の面積は，

   $\pi \times 8^2 \times \dfrac{90}{360} = 16\pi$(cm²)

   おうぎ形 OCD の面積は，

   $\pi \times 4^2 \times \dfrac{90}{360} = 4\pi$(cm²)

   色をぬった部分の面積は，

   $16\pi - 4\pi = 12\pi$(cm²)

STEP 3 ゆとりで合格の問題

1 解答　(証明)△ACE と △DCB にお

いて，

   △DAC は正三角形だから，

   AC＝DC　　　　　……①

   △ECB は正三角形だから，

   EC＝BC　　　　　……②

   正三角形の 1 つの内角の大きさは

60°だから，

   ∠ACE＝∠ACD＋∠DCE

   　　　＝60°＋∠DCE　……③

   ∠DCB＝∠ECB＋∠DCE

   　　　＝60°＋∠DCE　……④

   ③，④より，∠ACE＝∠DCB …⑤

   ①，②，⑤より，2 組の辺とその間

の角がそれぞれ等しいから，

   △ACE≡△DCB

正三角形はすべての辺が等しく，すべての角が60°であることを利用する。

⑤ 空間図形の問題

問題:73ページ

STEP 1 基本の問題

1 解答 (1) 辺 EH，辺 FG，辺 CG，辺 DH
(2) 面 DCGH，面 EFGH
(3) 面 AEHD

解説

(1) 右の図のように，辺 AB と交わる辺に×印を，辺 AB と平行な辺に○印をつける。辺 AB とねじれの位置にある辺は，印のついてない辺 EH，FG，CG，DH。

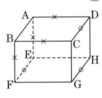

(2) 辺 AB は面 DCGH 上になく，面 DCGH 上の辺 DC と平行だから，辺 AB と面 DCGH は平行。

同様にして，辺 AB と面 EFGH は平行。

(3) 直方体の向かい合う 2 つの面は平行である。

2 解答 (1) 84 cm² (2) 36 cm³

解説

(1) **角柱の表面積＝側面積＋底面積×2**

三角柱の展開図は右の図のようになる。

側面積は，
$6×(5+4+3)=72(cm^2)$
底面積は，
$\frac{1}{2}×4×3=6(cm^2)$
表面積は，
$72+6×2=84(cm^2)$

(2) **角柱の体積＝底面積×高さ**
だから，$6×6=36(cm^3)$

3 解答 (1) 112π cm² (2) 160π cm³

解説

(1) **円柱の表面積＝側面積＋底面積×2**

円柱の展開図は次の図のようになる。

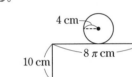

側面積は，$10×2π×4=80π(cm^2)$
底面積は，$π×4^2=16π(cm^2)$
表面積は，
$80π+16π×2=112π(cm^2)$

(2) 円柱の体積 ＝ 底面積 × 高さ
だから，$16π×10=160π(cm^3)$

4 解答 (1) 192 cm³ (2) 100π cm³

解説

(1) **角錐の体積＝$\frac{1}{3}$×底面積×高さ**

だから，$\frac{1}{3}×\underset{底面積}{\underline{8×8}}×\underset{高さ}{\underline{9}}=192(cm^3)$

(2) **円錐の体積＝$\frac{1}{3}$×底面積×高さ**

だから，

$\frac{1}{3}×\underset{底面積}{\underline{π×5^2}}×\underset{高さ}{\underline{12}}=100π(cm^3)$

⑤ᵀᴱᴾ②─合格力をつける問題

① 解答 (1)三角柱 (2)円柱 (3)円錐
(4)四角錐(正四角錐)

解説

(1) 正面から見た図(立面図)が長方形
だから，この立体は角柱か円柱と考
えられる。真上から見た図(平面図)
が三角形だから，この立体の底面は
三角形である。
　　よって，この立体は三角柱。

(2) 正面から見た図が長方形だから，
この立体は角柱か円柱と考えられる。
真上から見た図が円だから，この立
体の底面は円である。
　　よって，この立体は円柱。

(3) 正面から見た図が三角形だから，
この立体は角すいか円錐と考えられ
る。真上から見た図が円だから，こ
の立体の底面は円である。
　　よって，この立体は円錐。

(4) 正面から見た図が三角形だから，
この立体は角錐か円錐と考えられる。
真上から見た図が四角形(正方形)だ
から，この立体の底面は四角形(正
方形)である。
　　よって，この立体は四角錐(正四
角錐)。

② 解答 (1)直方体
(2)面 CHID，面 EJKF

解説

(1)(2) 立体の
見取図は右
の図のよう
になる。

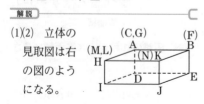

③ 解答 　$96\pi\ \mathrm{cm}^3$

解説

できる立体は，
右の図のような
円錐と円柱を組
み合わせた立体
である。

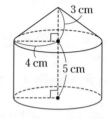

　この立体の円
柱の部分の体積
は，$\pi\times4^2\times5=80\pi(\mathrm{cm}^3)$
　この立体の円錐の部分の体積は，
$\frac{1}{3}\pi\times4^2\times3=16\pi(\mathrm{cm}^3)$
　よって，この立体の体積は，
$80\pi+16\pi=96\pi(\mathrm{cm}^3)$

④ 解答 　$600\mathrm{cm}^3$

解説

投影図で表さ
れる立体は，右
の図のような立
体になる。

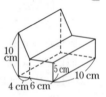

　この立体で，
五角形の部分を底面とみると，この五
角形の面積は，
$\frac{1}{2}\times(10+5)\times4+5\times6=60(\mathrm{cm}^2)$
　また，高さは 10cm だから，求める
立体の体積は，$60\times10=600(\mathrm{cm}^3)$

⑤ 解答 　(1)イ (2)30 (3)20

解説

(1) 右の図の矢印
のように点が重
なっていく。

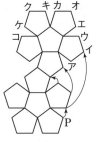

(2) 面の数が12
で，1つの面に
5つの辺がある
が，1つの辺に
2つの面が集ま
っているから，正十二面体の辺の数
は，$12 \times 5 \div 2 = 30$

miss ミス対策 展開図で数えた辺の数を答え
とするな‼

展開図を組み立てたとき，重なる辺
があることを忘れてはいけない。

(3) 1つの頂点に3つの面が集まって
いるから，$12 \times 5 \div 3 = 20$

6 解答 (1) 144° (2) $56\pi \ \mathrm{cm}^2$

解説

(1) 円錐の展開図は，下のようになる。

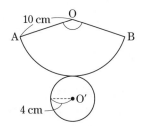

この展開図で，弧 AB の長さは，
底面の円 O′ の円周に等しい。

弧 AB の長さは，$2\pi \times 4 = 8\pi (\mathrm{cm})$
また，円 O の円周は，
$2\pi \times 10 = 20\pi (\mathrm{cm})$

弧 AB の長さは，円 O の円周の
$\dfrac{8\pi}{20\pi} = \dfrac{2}{5}$

おうぎ形の弧の長さは中心角に比

例するから，中心角は，
$360° \times \dfrac{2}{5} = 144°$

(2) 側面積は，
$\pi \times 10^2 \times \dfrac{2}{5} = 40\pi (\mathrm{cm}^2)$
底面積は，$\pi \times 4^2 = 16\pi (\mathrm{cm}^2)$
よって，表面積は，
$40\pi + 16\pi = 56\pi (\mathrm{cm}^2)$

S T E P 3 ― ゆとりで合格の問題

1 解答 (1) 5 cm (2) $90\pi \ \mathrm{cm}^2$

解説

(1) 点線の円の半径は 13cm だから，
円周は，$2\pi \times 13 = 26\pi (\mathrm{cm})$

点線の円周は，円錐の底面の円周
の $2\dfrac{3}{5}$ 倍だから，円錐の底面の円周は，
$26\pi \div 2\dfrac{3}{5} = 26\pi \times \dfrac{5}{13} = 10\pi (\mathrm{cm})$
よって，円錐の底面の半径は，
$10\pi \div 2\pi = 5 (\mathrm{cm})$

(2) 円錐の展
開図は，右
の図のよう
になる。

13 cm

10 π cm

5 cm

おうぎ形の面積

$= \dfrac{1}{2} \times$ **弧の長さ** $\times$ **半径** だから，

側面積は，$\dfrac{1}{2} \times 10\pi \times 13 = 65\pi (\mathrm{cm}^2)$
底面積は，$\pi \times 5^2 = 25\pi (\mathrm{cm}^2)$
表面積は，$65\pi + 25\pi = 90\pi (\mathrm{cm}^2)$

S T E P **1** 基本の問題

1 解答　161.3 cm

解説

平均 ＝ 身長の合計 ÷ 人数
だから,

$(162.5＋159.3＋154.2＋163.1$

$＋167.4)÷5$

$＝806.5÷5＝161.3(cm)$

2 解答　(1)22.5m　(2)70%　(3)0.25

(4)36 人

解説

(1)　度数が最も大きい階級は, 20m
　　以上 25m 未満の階級だから, この
　　階級の階級値は, $\frac{20＋25}{2}＝22.5(m)$

(2)　25m 未満の生徒の人数は,
　　$6＋10＋12＝28(人)$
　　よって, $28÷40×100＝70(%)$

(3)　**相対度数**
　　＝ ある階級の度数 ÷ 度数の合計
　　15m 以上 20m 未満の階級の度数
　　は 10 人だから, $10÷40＝0.25$

(4)　25m 以上 30m 未満の階級の累積
　　度数は, $6＋10＋12＋8＝36(人)$

3 解答　(1)6 通り　(2)24 通り

解説

(1)　A に赤をぬるとき,
　　B, C の色のぬり方は,
　　右の図のように 6 通り。

(2)　A に 青, 黄, 緑を
　　ぬるとき, B, C の色
　　のぬり方は, それぞれ
　　6 通りずつあるから, 色のぬり方は

A B C

全部で, $6×4＝24(通り)$

4 解答　(1)15 通り　(2)$\frac{7}{15}$

解説

(1)　2 個の赤玉を❶, ❷, 4 個の白玉
　　を③, ④, ⑤, ⑥とすると, 2 個の
　　玉の取り出し方は, 次の図のように
　　15 通り。

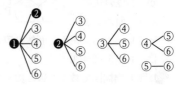

(2)　2 個とも赤玉である取り出し方は,
　　(❶, ❷)の 1 通り, 2 個とも白玉で
　　ある取り出し方は, (③, ④),
　　(③, ⑤), (③, ⑥), (④, ⑤),
　　(④, ⑥), (⑤, ⑥)の 6 通りだから,
　　2 個とも同じ色である取り出し方は
　　7 通り。

　　よって, 求める確率は, $\frac{7}{15}$

S T E P **2** 合格力をつける問題

1 解答　158.2cm

解説

クラスの身長の平均
＝クラスの身長の合計÷人数

クラスの身長の合計

＝男子の合計＋女子の合計

男子の身長の合計

＝男子の身長の平均×人数

だから, クラスの身長の合計は,

$160.0×22＋156.0×18$

$＝3520＋2808＝6328(cm)$

クラスの身長の平均は,

$6328÷40＝158.2(cm)$

② 解答 　(1) 6.2点　(2) 7点　(3) 6点

解説

(1) 得点の合計は,

2×2+3×2+4×3+5×2+6×4+
7×5+8×1+9×4+10×2＝155（点）

平均点は, 155÷25＝6.2（点）

(2) 最も人数が多いのは7点の5人だから, 最頻値は7点。

(3) 中央値は13番目の得点で, 13番目の得点は6点。

③ 解答 　(1) $x=9$　(2) 0.18　(3) 40人
　(4) 0.80

解説

(1) 50−（4+15+12+7+3）＝9（人）

(2) 10分以上15分未満の階級の度数は9人だから, 9÷50＝0.18

(3) 20分以上25分未満の階級までの累積度数は, 4+9+15+12＝40（人）

(4) 各階級の相対度数は, 次の表のようになる。

階級（分）	度数（人）	相対度数
以上　未満 5 ～ 10	4	0.08
10 ～ 15	9	0.18
15 ～ 20	15	0.30
20 ～ 25	12	0.24
25 ～ 30	7	0.14
30 ～ 35	3	0.06
計	50	1.00

累積相対度数はその階級までの相対度数の和だから,

0.08+0.18+0.30+0.24＝0.80

④ 解答 　(1) 78点　(2) 26点

解説

(1) **範囲＝最大値−最小値**

最大値は, 右のひげの右端の値だから96点, 最小値は, 左のひげの左端の値だから18点だから,

96−18＝78（点）

(2) **四分位範囲**
＝第3四分位数−第1四分位数

第1四分位数は, 箱の左の線分の値だから46点, 第3四分位数は, 箱の右の線分の値だから72点なので,

72−46＝26（点）

⑤ 解答 　$\dfrac{7}{10}$

解説

2本のあたりくじを❶, ❷, 3本のはずれくじを③, ④, ⑤とすると, A, B2人のくじのひき方は全部で, 次の図のように20通り。

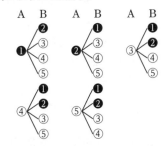

2人ともはずれくじをひくひき方は6通りだから, 2人ともはずれる確率は, $\dfrac{6}{20}=\dfrac{3}{10}$

少なくとも1人があたる確率
＝1−（2人ともはずれる確率）

だから, $1-\dfrac{3}{10}=\dfrac{7}{10}$

⑥ 解答 　(1) 24通り　(2) $\dfrac{1}{4}$　(3) $\dfrac{2}{3}$

解説

(1) 3枚のカードの取り出し方と, カードを並べてできる3けたの整数

は，下の図のように 24 通り。

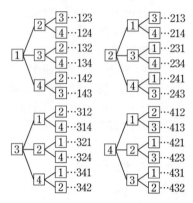

(2) 一の位が1である3けたの整数
は，231，241，321，341，421，431
の6通り。

よって，求める確率は，$\dfrac{6}{24}=\dfrac{1}{4}$

(3) 230 以上である3けたの整数は，
百の位が2の整数では4通り，百の
位が3の整数の6通り，百の位が4
の整数の6通りで，全部で，

4＋6＋6＝16(通り)

よって，求める確率は，$\dfrac{16}{24}=\dfrac{2}{3}$

STEP 3 ゆとりで合格の問題

1 解答　$x=6,\ y=5$

解説

度数の合計から，

$1+3+x+12+10+y+2+1=40$

整理すると，

$x+y=11$　……①

(階級値 × 度数)の合計から，

$32.0+108.0+40x+528.0+480.0+5$
$2y+112.0+60.0$
$=1820.0$

整理すると，

$40x+52y=500$　……②

②－①×40 から，

$12y=60,\ y=5$

これを①に代入して，

$x+5=11,\ x=6$

7 思考力を必要とする問題
問題：85ページ

STEP 1 基本の問題

1 解答　(1) 5　(2) 17

解説

(1)(2)　上の円……8＋⑦＋①
右の円……12＋①
左の円……11＋⑦

①と⑦は(4と5)か(5と6)

(4と5)のとき，右と左の円は16，
上の円は，8＋6＋4＝18 で違う。

(5と6)のとき，右と左の円は17，
上の円は，8＋4＋5＝17

よって，⑦＝4，①＝5，⑦＝6

2 解答　(1) 黒色　(2) 25 個

解説

(1)　次の図のように区切ると，白は1，
3，5，…と奇数個のグループを，黒
は2，4，…と偶数個のグループを
つくっている。

$1+2+3+4+5=15$

$15+6=21$

だから，左から 20 番目の碁石は，
偶数(6個)のグループにはいってい
る。

したがって，黒色である。

(2)　$1+2+3+4+5+6+7+8+9+10$

=55 だから，白色の碁石は，

1+3+5+7+9=25（個）

3 解答　(1)白色…61枚，黒色…60枚

(2) 8番目

─解説─

(1) n 番目の正方形の1辺に並ぶタイルの枚数は，次の表のようになる。

番目	1	2	3	4	…
1辺に並ぶタイルの枚数(枚)	1	3	5	7	…

n 番目の正方形の1辺に並ぶタイルの枚数は $2n-1$（枚）だから，6番目の正方形の1辺に並ぶタイルの枚数は，$2×6-1=11$（枚）

よって，6番目の正方形の白色と黒色のタイルの枚数の合計は，

$11×11=121$（枚）

どの正方形においても，白色のタイルの枚数は黒色のタイルの枚数よりも1枚多いから，白色のタイルは，

$(121+1)÷2=61$（枚）

黒色のタイルは，$121-61=60$（枚）

(2) 黒色のタイルの枚数が112枚のとき，白色のタイルの枚数は，

$112+1=113$（枚）

全体のタイルの枚数は，

$112+113=225$（枚）

$15×15=225$ より，このときの正方形の1辺に並ぶタイルの枚数は15枚。よって，$2n-1=15$ より，$n=8$ だから，8番目。

S T E P ② 合格力をつける問題

1 解答　(1) 28

(2) 10段目の左から5番目

─解説─

(1) 各段の右端の数は，次のように，$+2$，$+3$，$+4$，…と増えていく。

　　　+2　+3　+4　+5　+6　+7
　1, 3, 6, 10, 15, 21, 28, …

(2) (1)より，9段目の右端の数は45

よって，10段目の数は，左から順に，46，47，48，49，50になる。

これより，50は10段目の左から5番目の数である。

2 解答　(1)69個　(2)111個

─解説─

(1) n 番目の図形の黒い石の数は $3n$ 個だから，10番目の図形の黒い石の数は，$3×10=30$（個）

10番目の正三角形の1辺に並ぶ白い石の数は，$10+4=14$（個）

よって，10番目の図形の白い石の数は，$(14-1)×3=39$（個）

よって，$30+39=69$（個）

(2) n 番目の図形の白い石の数は，$(n+3)×3$（個）

よって，白い石が120個並ぶ図形は，$(n+3)×3=120$，$n=37$ より，37番目の図形である。

したがって，37番目の図形の黒い石の数は，$37×3=111$（個）

3 解答　(1) 1番目…5本, 2番目…8本,
3番目…11本　(2) 32本

解説

(1)　数えても答えは求まるが, 次のように, 規則性を見つけ出そう。

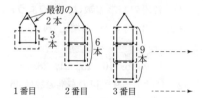

1番目　　2番目　　3番目　- - - - ▶

　　上の図のように, マッチ棒は最初の2本から, 3本ずつふえていく。

1番目 ⇨ $2+3×1=5$(本)
2番目 ⇨ $2+3×2=8$(本)
3番目 ⇨ $2+3×3=11$(本)

(2)　(1)と同様に考えて, 10番目は,
$2+3×10=32$(本)

4 解答　(1) 12　(2) $n-5$

解説

(1)　りえさんが最初に決めた数を x とすると, 「その数を3倍して, 15 をたした数」は, $3x+15$
「その答えを3でわった」数は,
$\dfrac{3x+15}{3}=x+5$　これが17だから,
$x+5=17,\ x=12$

(2)　(1)より, $x+5=n$ だから, $x=n-5$

5 解答　図1, 3, 4

解説

　　「ほどける」とは, 結び目なしの1本のひもになることである。

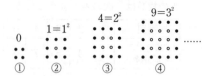

1 解答　(1) 25個　(2) 285個

解説

(1)　白い碁石は, 下の図のように, 0, 1^2, 2^2, 3^2, …と増えていく。

0　　$1=1^2$　　$4=2^2$　　$9=3^2$
①　　②　　③　　④　……

　　つまり, n 番目の白い碁石の数は, $(n-1)^2$ 個。
　　$n=6$ のときには, $(6-1)^2=25$(個)

(2)　10番目までの白い碁石の数の合計は,
$0+1^2+2^2+3^2+\cdots+8^2+9^2=285$(個)

①次：計算技能検定

$\boxed{1}$ **解答** (1) $\dfrac{25}{6}$ (2) $\dfrac{9}{4}$ (3) $\dfrac{4}{15}$

(4) $\dfrac{5}{2}$ (5) 1 (6) 2 (7) -34

(8) $-4x-7$ (9) $-0.7x+2.5$

(10) $-2x+2$

解説

　帯分数は仮分数，小数は分数に直して計算する。

(1) $1\dfrac{2}{3} \times 2\dfrac{1}{2} = \dfrac{5}{3} \times \dfrac{5}{2} = \dfrac{25}{6}$

(2) $1\dfrac{3}{4} \div \dfrac{7}{9} = \dfrac{7}{4} \div \dfrac{7}{9} = \dfrac{7}{4} \times \dfrac{9}{7}$

$= \dfrac{\overset{1}{\cancel{7}} \times 9}{4 \times \cancel{7}} = \dfrac{9}{4}$

(3) $\dfrac{1}{6} \times \dfrac{2}{3} \div \dfrac{5}{12} = \dfrac{1}{6} \times \dfrac{2}{3} \times \dfrac{12}{5}$

$= \dfrac{1 \times \overset{1}{\cancel{2}} \times \overset{4}{\cancel{12}}}{\underset{3}{\cancel{6}} \times \cancel{3} \times 5} = \dfrac{4}{15}$

(4) $\dfrac{9}{10} \times \dfrac{5}{6} \div 0.3 = \dfrac{9}{10} \times \dfrac{5}{6} \div \dfrac{3}{10}$

$= \dfrac{9}{10} \times \dfrac{5}{6} \times \dfrac{10}{3} = \dfrac{\overset{3}{\cancel{9}} \times 5 \times \overset{1}{\cancel{10}}}{\underset{1}{\cancel{10}} \times \underset{2}{\cancel{6}} \times \underset{1}{\cancel{3}}} = \dfrac{5}{2}$

(5) $\dfrac{7}{8} - \dfrac{3}{4} \times \left(-\dfrac{1}{6}\right) = \dfrac{7}{8} + \left(\dfrac{3}{4} \times \dfrac{1}{6}\right)$

$= \dfrac{7}{8} + \dfrac{\overset{1}{\cancel{3}} \times 1}{4 \times \underset{2}{\cancel{6}}} = \dfrac{7}{8} + \dfrac{1}{8} = \dfrac{8}{8} = 1$

(6) $-3 - (-5) = -3 + 5 = 2$

(7) $-3^2 \times 2 - (-4)^2$

$= -9 \times 2 - 16 = -18 - 16 = -34$

(8) $x - 13 + 6 - 5x$

$= x - 5x - 13 + 6 = -4x - 7$

(9) $0.2(4x-5) - 0.5(3x-7)$

$= 0.8x - 1 - 1.5x + 3.5$

$= -0.7x + 2.5$

(10) $6\left(\dfrac{1}{3}x - \dfrac{1}{2}\right) - 20\left(\dfrac{1}{5}x - \dfrac{1}{4}\right)$

$= 2x - 3 - 4x + 5 = -2x + 2$

$\boxed{2}$ **解答** (11) $5:1$ (12) $10:9$

解説

(11) $20:4 = (20 \div 4):(4 \div 4) = 5:1$

(12) $\dfrac{2}{3}:\dfrac{3}{5} = \left(\dfrac{2}{3} \times 15\right):\left(\dfrac{3}{5} \times 15\right)$

$= 10:9$

$\boxed{3}$ **解答** (13) -2 (14) -1

解説

　負の数はかっこをつけて代入する。

(13) $3x + 4 = 3 \times (-2) + 4$

$= -6 + 4 = -2$

(14) $-x^3 - 9 = -(-2)^3 - 9$

$= -(-8) - 9 = 8 - 9 = -1$

$\boxed{4}$ **解答** (15) $x = 9$ (16) $x = -7$

(17) $x = 13$

解説

(15) $4x + 15 = 8x - 21$

移項して，$4x - 8x = -21 - 15$，

$-4x = -36$，$x = 9$

(16) $0.3x - 1 = 0.5x + 0.4$

両辺に 10 をかけて，

$(0.3x - 1) \times 10 = (0.5x + 0.4) \times 10$，

$3x - 10 = 5x + 4$，$-2x = 14$，

$x = -7$

(17) $\dfrac{x+5}{3} - \dfrac{2x-1}{5} = 1$

両辺に 15 をかけて，

$5(x+5) - 3(2x-1) = 15$，

$5x + 25 - 6x + 3 = 15$，$-x = -13$

$x = 13$

$\boxed{5}$ **解答** (18) $x - 9y$ (19) $\dfrac{5x+5y}{6}$

(18) $5(2x-3y)-3(3x-2y)$
$=10x-15y-9x+6y=x-9y$

(19) $\dfrac{2x+y}{2}-\dfrac{x-2y}{6}$

$=\dfrac{3(2x+y)}{6}-\dfrac{x-2y}{6}$

$=\dfrac{3(2x+y)-(x-2y)}{6}$

$=\dfrac{6x+3y-x+2y}{6}=\dfrac{5x+5y}{6}$

6 **解答** (20) $x=1,\ y=3$

(21) $x=1,\ y=1$

(20) $\begin{cases} x+2y=7 & \cdots\cdots\text{①} \\ x-y=-2 & \cdots\cdots\text{②} \end{cases}$

①−②より，$3y=9,\ y=3$

$y=3$ を②に代入して，

$x-3=-2,\ x=1$

(21) $\begin{cases} 3x-2y=1 & \cdots\cdots\text{①} \\ y=2x-1 & \cdots\cdots\text{②} \end{cases}$

②を①に代入して，

$3x-2(2x-1)=1, 3x-4x+2=1,$

$-x=-1,\ x=1$

$x=1$ を②に代入して，

$y=2\times1-1=1$

7 **解答** (22) $9a^4b^3$ (23) $3x^2$

(22) $a^2b\times(-3ab)^2=a^2b\times9a^2b^2$
$=9a^4b^3$

(23) 除法は逆数をかける形にする。

$9xy\times(-x)\div(-3y)$

$=9xy\times(-x)\times\left(-\dfrac{1}{3y}\right)$

$=9xy\times x\times\dfrac{1}{3y}=3x^2$

8 **解答** (24) $a=\dfrac{V}{bc}$ (25) $y=-\dfrac{3}{2}x-2$

(26) 頂点 B に対応する点…ア，

頂点 C に対応する点…オ

(27) 30 度 (28) $\angle x=134$ 度

(29) $\dfrac{1}{3}$ (30) 0.5 秒

(24) $V=abc,\ abc=V,\ a=\dfrac{V}{bc}$

(25) 平行な直線の傾きは等しい。

$y=-\dfrac{3}{2}x+b$ に $x=-2,\ y=1$

を代入して，

$1=-\dfrac{3}{2}\times(-2)+b,\ b=-2$

(26) 線対称な図形
は，右の図のよ
うになる。

(27) 多角形の外角
の和は360°だか
ら，

$360°\div12=30°$

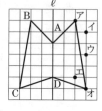

(28) 下の図のように，78°の角の頂点
を通り ℓ に平行な直線をひくと，平
行線の錯角が等しいから，

$\angle a=78°-32°=46°$

一直線の角だから，

$\angle x=180°-46°=134°$

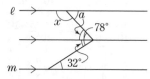

(29) 2枚のカードのひき方は，下の図
のように12通り。

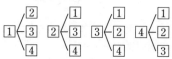

このうち，3の倍数は，12，21，
24，42 の4通りだから，求める確率

は，$\dfrac{4}{12}=\dfrac{1}{3}$

(30)　$7.0-6.5=0.5$（秒）

❷次：数理技能検定

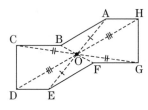

1 解答　(1) 60g　(2) 80g

解説

(1)　必要な食塩を x g とすると，

$$x : 390 = 2 : 13$$
（×30 の関係）

よって，$x=2×30=60$（g）

(2)　$600×\dfrac{2}{2+13}=600×\dfrac{2}{15}=80$（g）

2 解答　(3) 51.4（cm）
　　　　(4) 21.5（cm²）

解説

(3)　（円周の長さ）＋（正方形の2辺の長さ）になるから，

　　$10×3.14+10×2=51.4$（cm）

(4)　（正方形の面積）−（円の面積）になるから，

　　$10×10-(10÷2)^2×3.14$
　　$=100-78.5=21.5$（cm²）

3 解答　(5) 点E　(6) 辺GH

解説

(5)　対応する2点を結ぶ線分は，対称の中心Oによって2等分されるから，点Aに対応する点は，点E

(6)　点Cに対応する点はG，点Dに対応する点は点Hだから，辺CDに対応する辺は，辺GH

4 解答　(7) 167cm　(8) 11cm
　　　　(9) 170.8cm

解説

(7)　$170+(-3)=170-3=167$（cm）

(8)　身長がもっとも高い部員はAで，もっとも低い部員はEだから，その差は，

　　$(+6)-(-5)=6+5=11$（cm）

(9)　170cm＋（170cmとの違いの平均）で求める。

　　5人の身長の平均は，

　　$170+\{(+6)+(-3)+(+4)+(+2)+(-5)\}÷5=170+4÷5=170+0.8$
　　$=170.8$（cm）

【別解】　Aは，$170+6=176$（cm）

　　Cは，$170+4=174$（cm）

　　Dは，$170+2=172$（cm）

　　Eは，$170-5=165$（cm）

　　5人の身長の平均は，

　　$(176+167+174+172+165)÷5$
　　$=854÷5=170.8$（cm）

5 解答　(10) 0.23　(11) 32人

解説

(10)　**相対度数**
　　＝ある階級の度数 ÷ 度数の合計

　　10分以上15分未満の階級の度数は9人だから，$9÷40=0.225$

　　小数第3位を四捨五入して，0.23

(11)　20分以上25分未満の階級までの累積度数は，

$$5+9+11+7=32(\text{人})$$

6 **解答** (12) 20 通り　(13) $\dfrac{2}{5}$

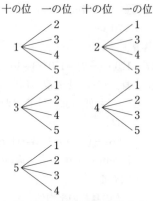

解説

(12)　2けたの整数を樹形図に表すと, 次の図のようになる。

したがって, 全部で 20 通りある。

(13)　2けたの整数が偶数となるのは, 12, 14, 24, 32, 34, 42, 52, 54 の 8 通りだから, 求める確率は,

$$\dfrac{8}{20}=\dfrac{2}{5}$$

7 **解答** (14) △ABD と △BCE

(15) ①, ③, ⑤　(16) ②

解説

(14)　辺 AD と辺 BE をそれぞれ辺にもつ 2 つの三角形 △ABD と △BCE の合同を示せばよい。

(15)　△ABD と △BCE において,
　正三角形の辺より, AB＝BC
　仮定より, BD＝CE
　正三角形の角より,
　∠ABD＝∠BCE（＝60°）

8 **解答** (17) $\begin{cases} 2x+y=410 \\ x+3y=880 \end{cases}$

(18) りんご1個の値段…70円

なし1個の値段…270円

解説

(17)　（りんご2個の代金）＋（なし1個の代金）＝410 円,（りんご1個の代金）＋（なし3個の代金）＝880 円から, 連立方程式をつくる。

(18)　$\begin{cases} 2x+y=410 & \cdots① \\ x+3y=880 & \cdots② \end{cases}$

　①－②×2 より, $-5y=-1350$,
　$y=270$　これを②に代入して,
　$x+3×270=880$, $x=70$

9 **解答** (19) 32 枚　(20) 50 cm

解説

(19)　n 番目のタイルの枚数は, 次の表のようになる。

番目	1	2	3	4	⋯
タイルの枚数(枚)	5	8	11	14	⋯

+3 +3 +3

　順番が1つ増えると, タイルの枚数は3枚ずつ増えるから, n 番目のタイルの枚数は,

　$5+(n-1)×3=3n+2(\text{枚})$

　よって, 10 番目の図形タイルの枚数は, $3×10+2=32(\text{枚})$

(20)　n 番目の図形の周の長さは, 次の表のようになる。

番目	1	2	3	4	⋯
周の長さ(cm)	12	14	16	18	⋯

+2 +2 +2

　順番が1つ増えると, 図形の周の長さは2 cm ずつ増えるから, n 番目の図形の周の長さは,

　$12+(n-1)×2=2n+10(\text{cm})$

　よって, 20 番目の図形の周の長さは, $2×20+10=50(\text{cm})$